饲料添加剂及其安全应用

张　杰◎著

中国纺织出版社

内容提要

本书以动物性食品为主线，介绍了其生产、加工、保鲜、安全检验等的一系列知识和技术。全书主要包括：动物性食品安全概述、畜牧业标准化、动物性食品的污染与控制、常见疾病的鉴定与处理、屠畜的宰前检疫以及屠宰加工的卫生监督与检验、各类动物性食品的加工卫生与检验、动物性食品的加工和保鲜技术、安全动物性食品的生产与管理。全书内容结合生产实际，注重实践环节，突出技能操作。本书可作为高职高专畜牧兽医、动物防疫检疫、畜产品加工、食品加工技术、生物技术等相关专业的参考用书，也可作为本专业和相关专业人员的参考资料。

图书在版编目(CIP)数据

饲料添加剂及其安全应用 / 张杰著. — 北京 : 中国纺织出版社, 2019.7

ISBN 978-7-5180-4316-3

Ⅰ. ①饲… Ⅱ. ①张… Ⅲ. ①饲料添加剂-基本知识 Ⅳ. ①S816.7

中国版本图书馆 CIP 数据核字(2017)第 281885 号

责任编辑：姚　君　　　　　责任印制：储志伟

中国纺织出版社出版发行

地址：北京市朝阳区百子湾东里 A407 号楼　邮政编码：100124

销售电话：010-67004422　　传真：010-87155801

http://www.c-textilep.com

E-mail:faxing@ e-textilep.com

中国纺织出版社天猫旗舰店

官方微博 http://www.weibo.com/2119887771

三河市宏盛印务有限公司印刷　　各地新华书店经销

2019 年 7 月第 1 版第 1 次印刷

开本：710×1000　1/16　　印张：11.5

字数：204 千字　　定价：60.00 元

前　言

饲料添加剂的使用极大释放了饲料在养殖业中的作用，为养殖业的发展提供了强有力的支撑，没有饲料添加剂就没有现代养殖业。随着人们对动物营养需求、加工工艺等研究的不断深入，饲料添加剂的品种越来越多，功能也越来越全、调控也越来越精细。同时，随着食品安全问题在我国越来越受重视，国家对饲料添加剂的安全使用提出了更严要求，不少所谓"高效、安全"的饲料添加剂受到质疑和限制。类似"瘦肉精""苏丹红""三聚氰胺"等严重的饲料安全与食品安全事件近几年正在逐步减少。另外，在国际贸易壁垒日益抬高的情况下，国内饲料添加剂生产和应用的企业也及时顺应国际贸易新形势，积极主动适应国际的贸易规则，在饲料添加剂的使用量、投入方式、使用对象等方面更加科学、规范。客观地讲，我国整体的食品、饲料安全水平正在逐步改善。

当前，饲料安全、食品安全、生态环境安全成为全球普遍关注的焦点，也是我国急需解决的现实问题。饲料添加剂既是饲料工业的核心，又是保证畜产品安全的核心之一。因此，研发新型安全饲料添加剂及其应用新技术，改进传统添加剂产品的应用技术和安全规范，是改善我国现阶段所面临畜产品安全问题的主要出路。近10年来，我国饲料添加剂产业无论是新品种研发与生产，还是传统产品的应用新技术都跃上了一个新台阶，正引领全球添加剂产业的健康发展。

基于消费者对食品安全和环境安全的需求，饲料行业对饲料添加剂提出了更高的要求。科学家在减少或部分取代抗生素的安全高效饲料添加剂研发和应用新技术方面，开展了卓有成效的工作。目前，我国饲料添加剂的主流发展趋势由一系列生物技术性新产品的生产与应用主导，包括饲料酶制剂、微生态制剂、植物提取物、发酵饲料、转基因饲用作物等。在饲料添加剂的类型方面，随着畜牧水产业发展的需求，传统的产品类型不能满足现实需求，出现了诸如动物保健类添加剂、畜产品品质改良类添加剂、畜禽营养分配剂、环境改进类添加剂等新品种。在管理方面，积极推行饲料质量安全管理规范，同时出台了《饲料添加剂安全使用规范》，强化政府监督管理，不断提高我国饲料和饲料添加剂工业的总体生产效率和安全水平。鉴于我国添加剂工业的快速发展，有必要从不同方面来总结近10年来的科研成果和应用技术，以推动我国饲料工业和养殖业的健康与可持续发展。

本书共7章，主要包括：绪论、营养性添加剂及安全使用技术、非营养性饲料添加剂及安全使用技术、常用饲料添加剂无公害使用技术、新型饲料添加剂资源的开发利用、绿色添加剂及其安全应用、饲料添加剂的发展方向及应用新技术。

本书的出版得到了齐鲁工业大学博士启动经费（项目代码：0412048450），齐鲁工业大学2016年专业核心课程（群）项目：《生物技术专业核心课程群》（项目代码：201607）的资助，在此表示感谢。

由于作者水平有限，书中难免存在疏漏和不足之处，敬请读者批评指正。

齐鲁工业大学　张杰

2019年1月

目　录

第一章　概论

目前食品安全问题日益突出，该问题也被越来越多的人关注。消费者对于食品最关心的应该是食品的安全以及质量的好坏，为此我们必须做到食品生产的每一环节都安全、无污染。饲料添加剂是动物性食品生产所有环节中重要的一环，需要我们格外关注。说到饲料添加剂，大多数人联想到“瘦肉精”、“苏丹红”等制剂就会害怕，甚至是谈“剂”色变！其实，许多饲料添加剂是安全的，例如氨基酸、微量元素、维生素、乳酸菌、植物及其提取物、小苏打等饲料添加剂只要被合理使用，就不会产生任何安全问题。当然，如果不正确使用或者过量使用也会造成不良后果。

饲料添加剂是非常重要的微量活性成分，饲料添加剂在饲料中的含量很小，但是作用却非常大，可以使饲料的营养得到完善，补充饲料本不具有的功能，可以促进动物的生长发育，预防动物得病，还会降低饲料营养成分的损失率，同时还可以使畜产品的品质得到改善。

第一节　饲料添加剂概述

一、饲料添加剂的定义

饲料添加剂是一类活性物质的总称，这类物质的作用是增加饲料本不具有的功能，完善饲料的作用。饲料添加剂分为一般性饲料添加剂和营养性饲料添加剂，包括维生素、矿物元素、氨基酸、抗氧化剂、防腐剂、各种调味剂等上千个品种。

二、饲料添加剂的分类

饲料添加剂的分类标准有很多，不同的分类标准会有不同的分类结果。比如，按同种饲料内含有的饲料添加剂种类数量划分，可以分为简单添加剂和复合添加剂两大类。将分类标准换成动物营养学原理，又可以分为营养性饲料添加剂和非营养性饲料添加剂。根据饲料添加剂的加工形态划分，可将饲料添加剂划分为颗粒状、粉状、块状、液状和微型胶囊。根据饲料添加剂使用对象划分，又可分为蛋鸡用、肉鸡用、乳牛用、牛用添加剂等。

随着饲料科学研究的深入和消费者对畜产品品质需求的提升，饲料添加剂分类体系将不断完善。

本书作以下分类：

一般性添加剂（营养、非营养）：维生素、矿物质、氨基酸、非蛋白氮；

环保类添加剂：酶制剂；

抗生素替代类添加剂：抗菌肽、微生物添加剂、酸制剂；

动物肠道健康添加剂：多糖和寡糖、微生物添加剂、酸制剂；

畜产品风味改良添加剂：中草药、天然提取物；

畜产品品质改良添加剂：营养分配剂、中草药、天然提取物、货架期延长保护剂；

饲养环境改进剂：消毒剂、粪臭消除剂；

饲料产品质量改进剂：着色剂、抗结块剂和稳定剂、黏结剂、抗氧化剂。

三、饲料添加剂的功能

（一）促进饲料工业的发展

饲料添加剂是配合饲料的重要成分，是饲料配方主要科技含量所在，关系着饲料产品的质量水平、经济效益和生产性能。因而饲料添加剂的合理开发和使用，对饲料工业的发展具有重大影响，对饲养业和种植业的发展的影响也不容忽视。

（二）改善动物产品的性能

随着社会生活水平的不断提高，人们对各方面的要求也提高了，尤其是饮食方面。为了满足人们对动物性食品的要求，可以在饲料中加入饲料添加剂改善动物产品的性能和质量。

（三）缩短动物生长周期

饲料添加剂的应用，在很大程度上提高了配合饲料营养成分的平衡性和全价性，促进动物生长发育，并能较好地防治动物疾病，因此缩短了动物的生长周期，可使动物产品提早上市。

（四）提高经济效益

多数新产品的开发和利用，最初的目的都是提高经济效益，饲料添加剂也是如此。饲料添加剂能有效地提高饲料的利用率，还可以促进动物生长，改变动物原本的生长周期，让动物可以在更短的时间内成年。通常情况下，科学合理地使用饲料添加剂可以提高10%以上的经济效益。

第二节 我国饲料添加剂的生产现状与应用原则

一、我国饲料添加剂的生产现状

饲料工业发展水平高低的标志是饲料添加剂工业，饲料添加剂工业也是饲料工业的核心。目前世界上存在并在使用的饲料添加剂有好几万种，20世纪40年代后期饲料添加剂工业在发达国家发展起来了。改革开放时期，我国的饲料工业才开始慢慢起步，之后又经历了快速增长、结构调整等多个阶段。在经过这几个阶段之后，我国饲料的种类数量增加，质量更好，产量也有所提高。这些变化在很大程度上提高了我国畜牧业的发展水平，在很多方面起着积极的作用。

我国饲料行业整体水平的提高，使得产品竞争力也增强了，我国饲料添加剂的出口量每年都在增加。目前，全国已登记注册的饲料添加剂生产企业有一千多家，例如有内蒙古金河、山东恩贝、广东溢多利、长春大成、浙江新和成、四川龙蟒、广州天科等。

二、饲料添加剂的应用原则

在使用任何饲料添加剂时都需要遵守以下原则，也就是饲料添加剂使用的总原则。

①要最大限度地发挥饲料添加剂的积极作用。

②使用饲料添加剂时要消除不良因素，避免影响饲料添加剂的营养作用、代谢调节作用和防病治病作用。

③使用了饲料添加剂的动物，要保障产量高，质量好。

④饲料添加剂的使用要达到安全、有效和经济的目的，同时还要使用方便。

（一）特殊性原则

不同种类动物有不同的生理结构，同种动物的内部也存在一些差异，在使用饲料添加剂时，必须重视这些差异，考虑各个动物的特殊性。

（二）合理选用饲料添加剂

要严格遵守国家有关法律、法规，不得违反规定投药，不得使用违禁的饲料添加剂，严格遵守停药期规定。禁止使用农业部公布禁用的物质以及对人体具有直接或者潜在危害的其他物质养殖动物；禁止在反刍动物饲料中添加乳和乳制品以外的动物源性成分；禁止使用无产品标签、无产品质量标准、无产品质量检验合格证的饲料和饲料添加剂。比如不得非法使用“瘦肉精”“苏丹红”。总之，不同类型的饲料添加剂有不同的作用、不同的适用对象，饲料添加剂的选择应该有针对性、有目的，切勿滥用。

（三）正确贮存饲料添加剂

不同种类的饲料添加剂需要的贮存环境和条件是不一样的，大多数的饲料添加剂的保存时间不超过半年，都不适宜长期贮存。比如维生素制剂就很不稳定，很容易受到水分、温度、光等因素的影响，因此，对于维生素制剂要做到随时买随时用，尽量不要积压存货。

（四）规程化原则

现在很多养殖场在使用饲料添加剂时都是胡乱添加的，没有确定的用量和种类，为了解决这一问题，就提出了饲料添加剂的规程化使用原则。有的养殖场在发生某种疫病时，胡乱使用饲料添加剂，不考虑所使用的饲料添加剂是否对症，能否有效地治疗现在所发生的疫病。有的甚至对动物终身使用某种药物，不考虑动物是否需要。这样盲目地使用饲料添加剂，不仅达不到想要的效果，浪费财力、药物，而且多数情况下还会给用药动物造成负面影响，影响动物的生长和质量。

规程化地使用药物可以解决上述问题，首先避免了养殖者盲目用药，造成养殖者的经济浪费。其次，对疾病有针对性地投放药物可以取得预期的效果，发挥药物的最大作用。再次，规程化用药可以减少药物的浪费，减少药物残留的机会，防止环境污染情况的发生。最后，滥用药物很容易产生耐药性，规程化用药可以避免此现象的发生，从而避免耐药性的传播。规程化用药是经济效益、生态效益和社会效益的共同保障。

（五）合理使用饲料添加剂

对于可以自行配制饲料并使用的养殖者，应该自觉遵守有关配制饲料的使用规范，并且不可以把该配制饲料向外出售或免费提供。养殖者在使用饲料时要参照使用说明的各种规定，并且仔细阅读使用注意事项。不论使用何种饲料添加剂，饲料添加剂的安全使用规范都必须遵守：

1. 切实掌握使用量、中毒量和致死量

在使用任何产品之前，首先要做的就是仔细阅读使用说明，对于饲料添加剂的使用也是如此。我们需要通过使用说明了解该添加剂的适用对象、使用剂量和使用注意事项，切记使用时不可过量。比如抗生素过量可造成畜禽死亡，某些矿物质添加剂过量会造成中毒等。

2. 准确掌握饲料添加剂配伍禁忌

许多的抗生素之间会产生正面或负面的作用，为了避免这种情况的发生，我们一般不会同时使用多种抗生素添加剂；若遇到必须使用的情况时，应该注意配伍禁忌，尽量减少负面作用的产生。大多数矿物质会加速维生素的氧化进程，故当某种饲料同时使用维生素添加剂和矿物质添加剂时，通常情况下此时的维生素添加剂的作用效果不会很好。益生菌会被抗生素和驱虫保健药杀死，因此，使用益生菌添加剂时，不应使用抗生素添加剂和驱虫保健类添加剂。注意中草药添加剂配伍禁忌。有些饲料添加剂（除防霉剂、防结块剂、抗氧化剂外）只可混于干粉料中短时间存放，不能混于加水贮存料或发酵料中贮存使用。

3. 抗生素类添加剂要交替使用

在饲料里长期使用抗生素添加剂，会导致使用动物产生耐药性，那么就会影响该种抗生素的使用效果。因此，在使用抗生素时最好 3 ～ 6 个月更换一次，或是交替使用两种或两种以上抗生素。

4. 添加剂加到饲料中要混合均匀

如果饲料中添加了饲料添加剂，而且饲料添加剂的混合不均匀，动物食用该饲料后，就会造成某些畜禽食用量过多，有些畜禽食用量过少，这种现象不仅会影响该添加剂的使用效果，严重时还会危害到动物的健康情况。

饲料和添加剂混合时，要先用少量的饲料混合，然后慢慢增加饲料的量，而且要分多次添加，忌一次大量添加。举例来说，想要在 1000 kg 饲料中混合 100 g 饲料添加剂，首先应该和 10 kg 饲料混合，然后把这 10 kg 饲料再次和 100 kg 饲料混合，再和 500 kg 饲料混合，最后再和剩下的饲料混合。

（六）预防为主原则

现在养殖场所养殖的动物，普遍具有生产周期短、抗痛风性差的特点。此类动物具有代谢非常旺盛，生长快速，生长周期很短的优点，但是此类动物的抵抗力较弱，生理机能发育不完全，很容易受到外界影响而患病。

通常情况下，高产和患病呈线性，高产的动物都比较容易患病。

现在的养殖场大多数都具有高度集约化的特点，人们通常都会采用增加单位面积内养殖动物数量的方法来完成对经济效益的追求。采用这种增大养殖密度的养殖方式，通常都会导致房舍不通风，光照效果不好，这种环境会使各种病原微生物、寄生虫迅速生长繁殖；带病的蚊虫鼠蝇乱蹿，疾病传播速度加快，使得发病动物数量增加。因为禽类的体积较小，给治疗带来了很大的不便，使得治愈率非常低，死亡率特别高，带来了巨大的经济损失。

从上述情况可知，无论是从疾病控制角度出发，还是从营养角度出发，任何饲料添加剂都要求以预防为主。

（七）无公害原则

饲料添加剂有好的一面，也有不好的一面。合理使用饲料添加剂可以有效地改善畜产品的质量和提高畜产品的产量；对患病动物或有可能患病的动物合理使用饲料添加剂，可以有效地预防动物疾病；饲料添加剂还可以提高饲料的利用率。不合理使用饲料添加剂会产生很大的负面影响，会给动物带来耐药性的症状，会使动物性食品中出现药物残留现象，会对环境造成污染等。

第三节　饲料添加剂与饲料安全

饲料安全包括饲料添加剂的安全，饲料安全要求饲料和饲料添加剂中不含有对动物有害的物质、不含有可残留的物质、不含有有毒有害物质等。而且要求使用该饲料或饲料添加剂的产品也不具有危害性，不会对人体造成伤害。

饲料安全除了饲料本身的安全问题，还包括饲料添加剂的安全问题。安全的饲料或饲料添加剂中不能含有毒有害物质，不能影响动物健康，不能对动物造成危害，而且不能在动物性食品中残留。

一、饲料添加剂安全性评价

完善饲料和畜禽产品的标准体系是做好饲料和畜禽安全工作的第一步。饲料添加剂的安全性评价包括试验动物的试验、靶动物试验和环境风险的评价。

（一）靶动物试验

靶动物试验有四个方面：

（1）靶动物对饲料添加剂的耐受性试验；

（2）靶动物对所使用的饲料添加剂的代谢情况以及该添加剂在动物体内的残留量的研究；

（3）饲料添加剂的微生物学安全性的研究；

（4）有效性的生物学评价的研究。

对靶动物进行耐受试验的目的是确定该饲料添加剂的安全阈值，根据此阈值可以基本上确定此饲料添加剂在饲料中的最大使用剂量和最小使用剂量。耐受试验的时间最短要求是一个月，当然耐受试验最好是贯穿畜禽养殖的整个过程。

对靶动物进行饲料添加剂的体内代谢和残留量的研究目的有三：

（1）通过此项研究可以明确该饲料添加剂从进入体内到排出体外所经过的器官和组织，为毒理学的研究打基础；

（2）鉴别饲料添加剂的各种残留物，并且确定这些残留物对人体是否有害；

（3）判断使用该饲料添加剂的动物排泄物对环境是否有影响。

（二）用试验动物做试验

对试验动物小白鼠的毒理试验一共有 4 个阶段：

（1）急性毒性试验。急性毒性试验有两部分，一是口急性毒性试验，二是 LD50 联合急性毒性试验。

（2）遗传性毒性试验。此阶段也就是第二阶段毒性试验，包括致畸试验和为期 30 天的喂养试验。

（3）亚慢性毒性试验。此阶段包括为期 90 天的喂养试验、代谢试验和繁殖试验三种。

（4）慢性毒性试验。此阶段会进行致癌试验。

只要是我国创新生产的物质都要经过这四个阶段的毒性试验才可进入市场。

对于饲料添加剂的安全性评价，我们需要研究的有三方面，一是针对使用了饲料添加剂的动物，我们要研究该动物对此饲料的代谢情况；二是该饲料在动物体内的分布情况；三是该饲料添加剂残留物的生物利用率情况。

对试验动物对饲料添加剂的代谢和体内分布情况的研究有：①试验动

物对饲料添加剂的吸收情况；②动物体液内饲料添加剂的分布情况；③动物组织内饲料添加剂的分布情况；④该饲料添加剂从动物体内排出的路径；⑤试验动物的代谢是否平衡；⑥鉴别粪便和尿液中的主要代谢产物。

试验所使用的动物应该雌雄都有，而且与毒理学研究所使用的试验动物最好是同种系的，这样选用动物可以减少种源差异对实验结果造成的影响。

对残留物的生物利用率进行研究的目的是为了评价添加剂对消费者的危害性。

（三）环境风险评价

部分畜禽在食用饲料添加剂之后产生的排泄物会对环境造成影响，部分不会造成任何影响。环境的风险性评价包括两方面，一是饲料添加剂是否会对环境造成影响，二是食用含有饲料添加剂的饲料的动物排泄物是否会对环境造成影响。通常情况下，饲料添加剂伴随着动物生长的全过程，水、土壤等可能会受饲料添加剂残留物的污染。

大体上，对环境风险的评价分为两个阶段：

（1）第一阶段。第一阶段的评价目的有三个，一是确定某种饲料添加剂对环境是否有影响，二是确定食用该添加剂的动物的排泄物对环境是否有影响，三是确定第二阶段的试验是否还有必要继续进行。

（2）第二阶段。第二阶段有两个步骤，第一要确定添加剂及其代谢产物在土壤中的留存时间，明确其对土壤的影响；若是该饲料添加剂在土壤中的留存量较大，则进行第二步，毒理学研究。

二、饲料添加剂的安全性检测

在饲料工业中，我们使用了越来越多的分析检测手段，以保障饲料添加剂以及饲料的安全。

（一）化学分析法

化学分析法有两种，一是质量分析法，二是滴定分析法。不论使用哪种方法，它的基础都是物质的化学反应，根据化学反应与计量之间的关系，对物质进行定量或定性的检测。两种检测方法各有优缺点，两者对比，滴定分析法更具有优势，它操作简单、经济、速度快，重点是准确度高。

化学分析法是最常使用的饲料检测方法，分为定量分析和定性分析。当分析某种饲料添加剂的各组分相对含量时，就进行定量分析；当鉴定饲料的原料、饲料添加剂的化学组成等的时候，需要进行定性分析。

（二）仪器分析法

仪器分析法可以通过各种仪器将物质的物理、化学和生理性质等转化成各种信息，该方法使用的仪器有传感器、放大器、分析转化器等，转化后的信息是人可以直接利用的，比如物质成分、含量等。

仪器分析法的优点有：灵敏度高、速度快、准确度高、自动化等。现在大型仪器的价格在慢慢降低，饲料行业使用的检测手段越来越偏向仪器分析法。

（三）生物学检测

随着生物技术的发展，利用生物学方法对饲料进行安全性检测也越来越普遍。生物学检测方法有很多种，就目前的使用情况而言，使用最多的是免疫学方法和聚合酶链式反应法。有些化学分析法不能解决的问题可以使用生物学方法解决。生物学检测法在致病微生物的分类检测方面的作用比较大。

在饲料行业内，利用生物学方法对饲料进行安全性检测占有独特的优势。比如，就抗生素而言，以残留抗生素对微生物的生长抑制为出发点，传统的微生物抑制方法可以快速地测出抗生素的质量浓度，而且检测结果准确度高。

（四）传统常规分析法

传统常规分析法有三种，一是感官分析法，二是物理性质分析法，三是显微镜观察法。此法是饲料检验的前期准备，为后续的饲料原料和成分检验作基础。

（1）感官分析法。感官分析法是对样品的颜色、气味、性状等进行初步的分析，此法是对待测样品分析的第一步。

（2）物理性质分析法。针对饲料的物理性质进行分析，包括硬度、旋光度等，通过这些物理性质对样品的质量做出判断。

（3）显微镜观察法。利用显微镜观察饲料的外观，通过观察结果对样品进行饲料鉴定。

第四节　饲料添加剂的管理

1999年中华人民共和国国务院令第266号发布《饲料和饲料添加剂管理条例》，2001年11月29日根据《国务院关于修改〈饲料和饲料添加剂管理条例〉的决定》进行了第一次修订；2013年根据《国务院关于修改部分行政法规的决定》对其进行了第二次修订，根据2016年02月06日《国务院关于修改部分行政法规的决定》第三次修订，根据2017年3月1日《国务院关于修改和废止部分行政法规的决定》第四次修订。

1999年颁布的条例使用至今，该条例发挥了巨大的作用。首先，该条例加强了相关部门对饲料以及饲料添加剂的管理；其次，该条例的严格执行对饲料以及饲料添加剂的质量提高起了积极作用；再次，该条例促进了饲料行业和养殖业的发展；最后，该条例为保障人们的健康做出了贡献。但是，随着人民群众生活水平的提高和食品、农产品质量安全意识的日益增强，特别是食品安全法、农产品质量安全法的出台，进一步完善了我国食品、农产品的质量安全管理制度，对饲料、饲料添加剂的质量安全也提出了更高要求，需要对现行条例进行修改、完善。

下面是有待解决的问题：

（1）责任归属问题，明确政府的责任、管理部门的责任以及生产者的责任；

（2）饲料使用的规范问题；

（3）完善对质量的监督管理。

第五节　饲料添加剂生产应用中存在的问题和应对措施

如今，部分养殖户对饲料添加剂的认识不足，其中有些养殖户认为饲料添加剂是一种可有可无的东西，而部分养殖户认为饲料添加剂具有非常大的作用，故饲料添加剂的错用和滥用现象时常发生。

一、存在的问题

根据我国目前饲料生产和养殖业生产的过程和特点，不合理使用添加剂带来了一系列的问题：

（一）非法使用违禁药物

我国农业部曾就违禁药品发布了一些通知，通知包含了违禁药品的名单和有关药品的禁用要求。但是，有些利益第一的商人或养殖者仍在使用违禁药品。

（二）不遵守饲料添加剂的使用规定

我国农业部曾做出了一些规定，对药物的适用对象、在动物中的最高使用剂量和最低使用剂量、使用时的注意事项以及该药物使用后的停药期等做了严格规定。但是某些厂商不遵守使用剂量要求，时常过量使用添加剂，或是无视停药期的要求等。这些行为导致的最终后果都是对人体健康造成危害。

1. 过量使用微量元素

微量元素铜和锌适量使用可以促进畜禽生长，若是过量使用就会大量沉积在畜禽的肝脏内，而且过量的微量元素还会污染环境，不论是蓄积在动物体内还是污染环境，最终产生的影响都是危害人类健康。

微量元素磷的使用也要多加注意，它的危害也不小，磷可以通过食物链富集，富集到一定程度之后再以食物链的形式污染环境。

2. 滥用抗生素

不可否认的是我国目前仍有很多不规范使用抗生素的情况，不合理使用抗生素会产生抗药性，使动物的免疫功能下降甚至完全丧失，还可能会出现畸形、残疾和突变等情况，也出现过动物死亡的情况。

总而言之，滥用抗生素产生的危害有：

（1）使原有抗生素的药用效果降低，而且细菌耐药性可以在人和动物之间相互感染；

（2）抗生素会在动物体内残留，人类长期食用这样的肉制品，也会产生抗药性。

欧洲联盟规定从 1999 年 1 月起，可以在饲料中使用的抗生素有四种，包括黄霉素、莫能霉素等，除此之外的任何抗生素都禁止在饲料中使用。

3. 激素类促生长剂残留问题

现在仍然有人把性激素用在水产品中，用来促进水生生物的生长，水产品中会有此类性激素类促生长剂的残留，此类添加剂对人体的危害非常严重。如睾酮、孕酮、雌二醇等性激素和 T3、T4、碘化酪蛋白等甲状腺类激素已被各国禁用，在我国也被列为违禁药物。

（三）饲料生产过程中存在化学物质的污染

饲料从生产到使用会经历很多的过程，每个过程都可能会受到污染，包括加工的时候可能会受到化学污染，运输途中会因运输工具的卫生情况受到污染，贮存方式不合理导致污染等。这些污染物部分会进入人体，对人体造成危害。

（四）饲料本身卫生状况不良

1. 饲料霉变污染

发霉饲料的营养价值远没有正常饲料的高，同时像黄曲霉素 B_1、赤霉麦毒素之类的霉菌的代谢产物还有毒性作用，会使畜禽出现慢性中毒现象。除此之外，动物体内残留的霉菌毒素是可以通过食物链传播的，人类食用之后也会受到感染。

2. 沙门氏菌、大肠杆菌、朊病毒等致病微生物的污染

这类致病性较强的病原微生物可通过饲料使畜禽致病，并严重威胁到人类的健康。如曾震惊世界的“疯牛病”就是由朊病毒引起的。

（五）动物用转基因类产品的担忧

生物技术发展迅速，越来越成熟，现在市场上出现的转基因产品越来越多，饲料方面也出现了转基因产品。随着转基因饲料的出现，安全使用转基因饲料的话题也成为热门。但是我国对转基因饲料的生产和使用还没有相关的法律法规，没有任何约束条例，而且对转基因饲料的安全性评价也没有别的饲料添加剂全面系统。

（六）饲料对生态环境的污染

饲料对环境的污染主要来自于动物的排泄物。当动物食用的饲料营养不均衡或者是某些原因导致饲料的利用率低时，部分饲料就会排出体外，被排出的各种不易被分解的物质就会在土壤或水中蓄积，对环境造成污染。当动物的生长过程中使用了转基因微生物之后，微生物在动物体内经过一些系统，最终随排泄物一起排出体外，存在于环境当中，对环境造成不可估量的影响。

二、应对措施

基于以上问题，我们应该采取如下措施来解决：

（一）加大监管力度

我国的饲料监管存在比较明显的“地方主义”，实行分块管理，信息共享很低，职能部门的管理权限划分不明确，由此带来诸多问题，严重影响监管效率。

目前，在国家和地方层面应该成立一个专门的饲料安全委员会，该机构具有较高的执法效力和管理权限，直属国家食品安全委员会管辖，负责处理与饲料安全有关的食品安全事件。

在国家和省级层面应该抓紧建设饲料和饲料添加剂生产企业管理信息共享平台，对饲料和饲料添加剂注册登记、生产企业行政许可等信息进行集成整合，实现数字化集中管理、适时更新和公开查询；为基层饲料监管人员配备便携式查询终端，实现饲料产品行政许可情况和生产企业合法性现场核实信息化。建设饲料和饲料添加剂质量安全监测信息管理平台，通过数据库实现质量安全监测及查处信息实时报送和快速传递。

（二）制定并实施相关法规

制定和实施相关法律法规的目的就是以法律的手段保证饲料的有用性和安全性，保证饲料从加工到使用的每一环节都在法律的监督之下。

（三）完善检验标准体系

目前我国饲料行业的标准的主导是国家标准和行业标准，补充内容是地方标准。现有存在的标准都是以产品标准和检测方法为重，对饲料生产企业综合评价的标准很少。

（四）安全使用促生长抗生素

抗生素的使用非常广泛，使用后带来的经济效益也很可观。但是，抗生素的安全隐患比较多，世界上很多国家已经禁止了抗生素的使用，我国也在慢慢禁用。要解决抗生素的安全问题，我们可以采取以下措施：

（1）加快研究步伐，尽快研制出无毒无害、无抗药性的新型绿色饲料添加剂；

（2）使用添加剂时要符合法律法规的要求，不可滥用；

（3）尽快确定最大使用剂量；

（4）多加重视饲料的质量。

（五）饲料行业和企业要做到自律和自净

再强大的监督检验、法律法规体系也无法实现全程的、滴水不漏的饲料安全监控，饲料安全问题要想从根上解决，必须从饲料行业内部出发，饲料行业必须做到自觉自律，饲料工业的确也是“道德工业”，饲料从业人员要树立高尚的职业道德修养，将饲料质量作为企业的生命线，将对社会的责任感作为企业的立业之本，将提供国民安全健康食品作为统一目标，自觉不使用和抵制不符合国家规定的药物，唾弃唯利是图、一切向钱看的经营目标，树立行业新风尚，真正为国家、民族和人民的食品安全做出自己的贡献。

第六节 饲料添加剂的发展趋势

当今，饲料业发展的重点趋势之一就是发展生物饲料，这已经是全世界的研究重点。生物饲料的开发利用对解决我国现存的饲料问题有重要意义。

一、在饲用酶制剂方面

酶又称生物催化剂，具有很高的活性，催化效果较好。饲料添加剂中有一种添加剂叫作饲用酶制剂，就是用一种酶或者多种酶混合之后制成的产品。在饲料内添加饲用酶制剂可以对动物体内酶源不足的情况进行改善，增加动物不能自身合成的酶，促进动物对饲料的消化吸收效率，达到促生长的作用。

针对酶制剂的研发方面，我们要研制不同原料和目标动物的专用型复合酶制剂，还要综合考虑各种酶制剂之间的影响等。

二、在饲用微生态制剂方面

活菌制剂即益生素，是由来自动物有机体共生微生物的活性制剂或其培养物或其发酵产品，它是一种有益微生物，具有改善消化道菌群平衡，提高抗病力及饲料的吸收利用率，从而达到防治消化道疾病和促进生长等多重作用。筛选更多具有直接促生长作用的优良微生物；从动物营养代谢与微生物代谢关系方面研究益生素作用机理和方式；加强益生素剂型的研究，提高活菌浓度及其对不良环境的耐受力。

三、在饲用中草药添加剂方面

中草药是一种天然的药品，内含有许多的氨基酸、维生素等物质，可以促进蛋白质的合成，加速新陈代谢，提高饲料的利用率，最终促进动物的生长。

中草药添加剂具有别的添加剂所不具备的优点，比如没有耐药性、没有毒副作用、不会在动物体内残留等。中草药添加剂的应用前景非常好。

四、在益生元应用技术方面

多糖、寡糖等益生元可作为一种理想的抗生素替代品，但仍需对其提取分离纯化技术、多糖结构与功能的关系及多糖的剂量与效应关系等进行更深入的研究。

五、在天然植物提取物应用技术研发方面

天然植物提取物饲料添加剂逐步成为饲料中抗生素的首选替代品，但其提取工艺、应用技术的研究应该成为未来研究重点。

六、在发酵饲料方面

有关生物饲料产品的适口性、营养成分、抗营养因子、天然毒素以及对动物健康状况和畜产品品质的影响等方面，都需要建立合适的方法进行安全性评价。

七、在生物肽添加剂方面

生物肽的使用可以加快动物机体的消化吸收效率，还可以促进动物生长发育、加快动物对矿物质元素的代谢、防治动物疾病、调节动物神经等。

第二章　营养性添加剂及安全使用技术

营养性添加剂包括氨基酸、非蛋白氮和维生素。氨基酸是合成蛋白质的主要成分，非蛋白氮是可被动物利用的主要氮源，维生素是动物维持正常生命活动不可缺少的成分。本章将从它们的作用原理、使用原则、来源、使用方法等方面进行阐述。

第一节　氨基酸

氨基酸是蛋白质的基本组成成分，常见的氨基酸有 20 余种。饲料中的蛋白质在胃肠道被分解为氨基酸，吸收入血液后，通过血液循环运输到机体各部位，被组织细胞利用，用以合成各种蛋白质。生物体内的氨基酸有两种，一种是必需氨基酸，一种是非必需氨基酸。必需氨基酸不能合成或者合成很少，需要外界补充；非必需氨基酸动物自身就可合成，不需外界的补充。各种成年畜禽共同的必需氨基酸有 8 种：异亮氨酸、亮氨酸、赖氨酸、电硫氨酸、苯丙氨酸、苏氨酸、色氨酸和缬氨酸。生长畜禽除此之外还要加上精氨酸和组氨酸。雏鸡的必需氨基酸在此基础上，还要再加上甘氨酸、胱氨酸和酪氨酸（共 13 种）。因此，饲料中氨基酸是否足量和平衡，对于动物生长、发育、健康乃至其产品的质量都是至关重要的。

一定饲料或饲粮所含必需氨基酸的量与动物所需的蛋白质必需氨基酸的量相比，比值偏低的氨基酸，称为限制性氨基酸。如果动物机体缺乏限制性氨基酸，那么动物对其他氨基酸的利用也会受到影响，不论是必需氨基酸还是非必需氨基酸。限制性氨基酸也分等级，等级由比值高低决定，第一限制性氨基酸的比值最低，第二限制性氨基酸的比值次之，以此类推，可分为第三、第四……限制性氨基酸。

不同的饲料，对不同的动物，限制性氨基酸的顺序不完全相同。

因为氨基酸的不平衡对饲料蛋白质的利用率影响较大，所以现代饲料工业中，添加缺乏的氨基酸成为改善饲养效果的重要手段。氨基酸主要在小肠吸收。二肽和三肽等小肽在小肠也有少量吸收，且比氨基酸吸收快，肠道的小肽吸收是近年来蛋白质营养研究的新领域之一。机体氨基酸有两个主要来源：一是来自组织蛋白分解产生的氨基酸，二是胃肠道消化吸收后进入血液的氨基酸。

一、氨基酸饲料添加剂的使用原则

（一）选用可靠产品

氨基酸作饲料添加剂价格偏高，相应的作用也比较大，是一类使用比较广泛的饲料添加剂。现在的氨基酸添加剂多为进口产品，选择时应该谨慎，防止买到假冒伪劣产品。现存效果较好、质量可靠的氨基酸添加剂主要有：曹达（日本）、迪高沙（德国）和罗纳普朗克（法国）等。

（二）注意使用对象

氨基酸添加剂的适用对象为畜禽，尤其是发育阶段幼小的动物，反刍动物一般不使用氨基酸类饲料添加剂。有研究表明，鱼类对氨基酸添加剂的利用率较低，水产动物对氨基酸的利用率方面还有一些争议，使用时需谨慎。

（三）掌握有效含量和效价

实际使用氨基酸添加剂时，为了防止氨基酸添加剂使用过量或不足，应该把氨基酸的有效含量和效价进行折算。

（四）平衡利用与拮抗

添加氨基酸时要综合多方面的因素，切勿盲目添加。饲料中所添加的氨基酸一般为必需氨基酸，动物对氨基酸的利用有一定的顺序，首先是第一限制性氨基酸，只有在第一限制性氨基酸足够之后才会利用第二限制性氨基酸，并以此类推。若饲料中的某一种氨基酸的含量过高，不但此氨基酸不能完全被利用，还会影响其他氨基酸的利用率，使氨基酸的整体利用率降低。

二、常用氨基酸

（一）赖氨酸饲料添加剂

赖氨酸主要用于合成体内各种蛋白质，作为饲料添加剂使用的一般为L-赖氨酸的盐酸盐。一般为白色或淡褐色小颗粒或粉末，无味或微有特异气味，放入口中带有酸味，口无涩感。

赖氨酸主要用于合成体内各种蛋白质。因为植物性饲料中赖氨酸含量均较低，特别是玉米、大麦、小麦等谷物类饲料中含量更低，所以以谷物类为主的日粮中容易引起赖氨酸缺乏症。

缺乏赖氨酸会导致动物出现生长停滞、生产性能下降、氮平衡失调、骨钙化失常等症状。因此，在缺乏赖氨酸的日粮中添加赖氨酸可提高动物生长速度和生产力。

在饲料中的具体添加量应根据畜禽营养需要量来确定。目前赖氨酸添加剂主要用于猪、禽和犊牛饲料。对于猪，赖氨酸常为第一限制性氨基酸。

（二）蛋氨酸饲料添加剂

蛋氨酸为白色或淡黄色片状结晶或粉末，有含硫化合物的特殊腥臭味，放入口中略带甜味，无涩感，手感滑腻。对热及空气稳定，对强酸不稳定。

蛋氨酸是必需氨基酸，在动物体内转化成胱氨酸后有保肝解毒作用，有维持机体生长发育的作用。因此，缺乏蛋氨酸会引起动物发育不良、体重减轻、肌肉萎缩和毛质变坏等。蛋氨酸是饲料时常缺乏的氨基酸。

蛋氨酸的使用可按畜禽营养需要量补充，蛋氨酸在家禽饲料中使用较为普遍。对于家禽，蛋氨酸一般为第一限制性氨基酸。

（三）DL-色氨酸饲料添加剂

赖氨酸和蛋氨酸是动物机体最容易缺乏的氨基酸，除此之外，集体容易缺乏的氨基酸就是色氨酸。色氨酸是畜、禽、鱼类的必需氨基酸之一，主要用于机体蛋白质的合成，参与血浆蛋白的更新，有助于烟酸、血红素的合成。缺乏色氨酸会引起动物生长慢、体重变轻、脂肪积累降低等。尤其饲料中的蛋白质含量特别低的时候，饲料中加入色氨酸会在很大程度上改善动物对饲料的利用率，有效地增加动物的体重。

（四）甘氨酸饲料添加剂

甘氨酸为白色结晶性粉末，味微甜，易溶于水，不溶于乙醚和乙醇。熔点 233 ℃（分解），相对密度 1. 1607。

甘氨酸是所有氨基酸中结构最简单的一种氨基酸。甘氨酸在动物性饲料中含量较高，在植物中含量少。哺乳动物自身可以合成足够使用的甘氨酸。因为禽类自身合成的甘氨酸常常不能满足需要，通常需要由外界补充，所以甘氨酸是禽类必需氨基酸。

甘氨酸可转为丝氨酸，并能消除其他氨基酸过量的影响，对鱼类有引诱作用。缺乏甘氨酸会使鸡产生麻痹症状、羽毛发育不良。尤其在低蛋白质饲粮中添加甘氨酸，对雏鸡的生长发育有很好的促进作用。

甘氨酸在饲料添加中可作诱食剂，主要用于家禽、畜禽，特别是宠物等食用的饲料中。

（五）苏氨酸饲料添加剂

苏氨酸是畜、禽、鱼类的必需氨基酸之一，常常为第三、第四限制性氨基酸。常用的是L-苏氨酸，微黄色晶体，有些许特殊气味，溶解点为253 ℃。

苏氨酸是禽类血浆中免疫球蛋白的主要组成成分，缺乏苏氨酸会抑制免疫球蛋白的分泌，导致T、B细胞的生成受到阻碍，最终影响机体的免疫能力。苏氨酸可以提高蛋鸡细胞免疫和体液免疫反应，增强机体的抗菌防御机能。

作为饲料添加剂，苏氨酸主要用于猪等动物饲料，仔猪用量为0.85%，生长肥猪0.68%，苏氨酸与赖氨酸的比例最好为1∶1.5。

第二节　非蛋白氮

20世纪90年代以来，随着养殖规模的增大，蛋白质饲料的需求也随之增大，相应的蛋白质饲料资源缺口也日益扩大，主要蛋白质饲料原料的供给明显不足。我国是最大的蛋白质原料进口国，有70%以上的蛋白质原料依赖进口。我国还是最大的大豆进口国，每年用于食用油和动物蛋白质原料需求的大豆进口量达到5000万吨以上。开发和充分利用非蛋白质资源是反刍动物营养研究的一项重要内容。农业部规定，可用于反刍动物饲料中的非蛋白氮类添加剂有10种，包括尿素、氨水、碳酸氢铵、磷酸脲、硫酸铵、液氨、磷酸氢二铵、异丁叉二脲、磷酸二氢铵、氯化铵。其中，尿素的使用最为广泛。

非蛋白氮类饲料在使用中不仅要关注其氮的利用率，而且要关注其限量和可能存在的副作用。

一、尿素

尿素是非蛋白氮饲料中比较常用的一种，已广泛应用于反刍动物的营养中，可以代替一部分饲料中的天然蛋白质，使得蛋白质资源不足的问题得到一定的缓解。尿素的作用是给瘤胃微生物提供氮源以合成蛋白质，起补充蛋白质的作用。普通尿素在瘤胃中被微生物降解速度极快，甚至会超过微生物自身利用氨的速度，从而导致瘤胃中氨的积累，造成氨的浪费，严重的情况会使得动物氨中毒。为了动物能有效安全地利用尿素，尿素在瘤胃中的降解速度需要被控制，尿素缓释技术应运而生。缓释技术主要体现在两方面：一是通过使底物与尿素的结合来延缓尿素释放，二是通过对尿素进行特殊包膜处理来控制其释放速度。目前研究深入、应用广泛的缓释尿素产品主要有羟甲基尿素、淀粉糊化尿素以及包被尿素。

（一）尿素

1. 来源

尿素是人工合成的化学有机物，又称脲或碳酰胺，白色晶体或粉末，化学式为（$(NH_2)_2CO$）。其含氮量为46%左右，蛋白质当量为288%（N×6.25），即1 g尿素相当于2.88 g蛋白质氮。

2. 功能

尿素含氮量高，可以被瘤胃微生物脲酶分解，为反刍动物提供氮源，节约大量天然蛋白质饲料。没有经过处理的尿素在一定程度上可以提高羊的采食量；尿素添加水平超过精料的3%之后，瘤胃中氨氮浓度增加，不利于微生物生长，导致尿素的利用效率降低、日增重速度减慢；当尿素水平过高时，可引起羊氨中毒，影响羊的肉质健康和体重增加。

3. 使用方法

尿素被动物吸收之后，可以迅速地在瘤胃中被脲酶分解，产物为氨和CO_2。此时生成的氨就可以被瘤胃微生物利用，结合碳链，合成可以被反刍动物利用的蛋白质。

尿素的投喂方式有很多种，不论哪种投喂方式，要想使尿素发挥最大的作用，我们就需要控制瘤胃内氨的释放速度，保证瘤胃较低的氨浓度，同时还可以防止氨中毒。因此，不可以单独投喂尿素，需要和别的物质混合使用。

尿素的使用方式主要有4种：一是尿素与其他精饲料搭配使用，可添加在蛋白质精料中，可添加在整个精料日粮中，也可添加在配合口粮中；二是为提高青贮效果、保证青贮品质，可在青贮过程中适当地添加尿素，一般为原料的0.5%～0.6%，效果较好；三是尿素可调制成尿素液体喷洒或浸泡粗饲料，调制成尿素氨化饲料，饲喂量控制在每10 kg体重每日饲喂2～3 g尿素；四是制成尿素饲料舔砖。欧洲的食品安全组织（EFSA，2012）建议，尿素的使用量以不超过日粮重量的1%或者不超过精料的3%为宜。

尿素的使用需要注意以下问题：一是尿素使用需要2～4周的适应时间，这样比较安全；二是尿素的使用需要逐渐由少量到高量的过程；三是使用尿素期间应禁喂含脲酶及高蛋白的饲料，如黄豆、黑豆、豆饼和苜蓿等，防止尿素进入瘤胃后马上分解；四是尿素不能在牛羊饮水中添加，也不能饲喂尿素后立即饮水；五是哺乳期的牛羊、瘤胃机能不完全的犊牛和羔羊禁止使用尿素；六是制成缓释尿素，以便使尿素进入瘤胃后逐渐释放，降低水解为氨的速度。

（二）羟甲基尿素

1. 来源

羟甲基尿素(又称脲甲醛、脲醛胶、脲醛树脂、甲醛尿素复合物)是甲醛和尿素反应产物的统称,是化肥工业中研究最早、应用最广的缓释尿素。

2. 功能

羟甲基尿素在瘤胃内能够缓慢降解，提高氮的利用率，且能避免氨中毒和提高粗饲料的消化率。除此之外，还能够保护高效蛋白质，使其直接被动物机体利用。

3. 使用方法

因为羟甲基尿素投入实际应用时间较长，所以到目前为止已经进行了大量的研究。艾方林和蒋诚绩用含氮35%的羟甲基尿素作为蛋白质补充料，设置了100 g/d和150 g/d两个添加水平饲喂肉牛，结果分别降低了13.60%和8.78%的养殖成本；蒋诚绩和艾方林开展了应用羟甲基尿素产品(金维蛋白）替代部分或全部豆粕在育肥牛上的研究，得出使用羟甲基尿素代替豆粕，在日增重、饲料转化率及经济效益上能够达到或高于全用豆粕的饲养效果。郗伟斌以植物蛋白日粮为对照，分别比较奶牛和肉牛精料补充料中添加0.7%、1.4%和2.1%的羟甲基尿素对奶牛生产性能和氮代谢的影响，得出奶牛精料补充料中羟甲基尿素的适宜添加水平为0.7%～1.4%，而肉牛精料补充料中羟甲基尿素的适宜添加水平为1.4%左右。另外，郗伟斌还研究了不同水平羟甲基尿素对绒山羊生产性能的影响，用羟甲基尿素分别代替基础日粮中22%、34%和46%的豆粕，虽然各处理之间日增重和产绒量差异不显著，但3个处理分别比对照组增加收入30%、51%和35%，经济效益显著。

（三）尿素糖蜜舔砖

1. 来源

尿素糖蜜舔砖是用尿素、糖蜜和其他物质压制而成的，碳源是糖蜜，氮源是尿素。尿素糖蜜舔砖除了含有尿素和糖蜜外，还有生石灰、矿物质微量元素、维生素和黏结剂等。

2. 功能

研究发现，在反刍动物中补饲尿素糖蜜舔砖，可提高羊的采食量，增重速度也加快，加强冬季保膘，增加产奶量和产毛量，改善牛奶的品质和羊毛的质量等。王安奎等通过肉牛试验研究饲喂糖蜜舔砖的效果，得出饲喂舔砖组的肉牛日增重比对照组肉牛日增重高出217.9 g，提高210%。Hag等用含35%糖蜜的舔砖替代20%的浓缩料饲喂杂交奶牛，结果干物质采食量提高了0.15 kg/只/d。李健生、潘竞平、柴绍芳等在奶牛上试验结果表明，加喂尿素舔砖，可以明显增加产奶量，提高经济效益。

3. 使用方法

尿素糖蜜舔砖只适用于饲喂粗饲料的牛、羊等反刍动物，其日粮中粗蛋白质含量不能满足其生长需要时使用。一般在牛、羊采食粗料后舔食，每日2～3次，也可将未晒干的舔砖半成品拌于粗饲料中饲喂；日舔食量为牛、羊体重的0.2%～0.25%，使用时逐日增加，5～8 d后提高到上述水平；青粗饲料中有大豆苗、蚕豆苗、紫云英、胡枝子、苜蓿等豆科牧草时，不喂或少喂舔砖。使用舔砖初期，需要把食盐粉末、玉米面或糠麸类撒在砖上，诱其舔食。一般经过5 d左右的训练，牛、羊就会习惯自由舔食了。

（四）淀粉糊化尿素

1. 来源

淀粉糊化尿素是将磨碎的玉米、高粱等谷物与尿素均匀混合后，在适宜温度及压力条件下生成的均匀混合物。若要制成不同类型的产品可在其中均匀混入一定量的黏结剂、缓释剂或添加剂等。

2. 功能

淀粉糊化尿素是集尿素缓释与能氮同步于一体的蛋白质替代饲料。在尿素缓释上，主要通过两方面达到尿素缓释的效果：一是糊化后变性淀粉对尿素的包裹，二是淀粉的糖醛基与尿素的氨基反应生成复合物。在保证尿素缓释的同时，淀粉糊化后更容易在瘤胃内降解，微生物合成菌体蛋白所需能量的供给速率也提高，促进微生物蛋白的合成。而且，淀粉糊化尿素还能有效增加小肠蛋白质的流量，增加氮的存留，从而更有效地提高蛋白质的利用效率。

3. 使用方法

淀粉糊化尿素能够在尿素缓释的同时实现能氮平衡。目前，淀粉糊化尿素已广泛应用于不同品种、不同年龄的反刍动物上，但其一般用于育肥性质的反刍动物，对哺乳期的反刍动物在使用上有一定的局限性。李朝琼发现，在奶牛精料补充料中添加1.5%糊化淀粉尿素（占精料总氮的10%）时，奶牛产奶量及饲料利用率的提高达到最佳，对乳脂率、乳蛋白的影响不显著。单达聪发现，在繁殖母羊上以淀粉糊化尿素代替全舍饲繁殖母羊日粮 2.2% 可消化粗蛋白，能够在降低成本的同时保证生产的安全性。何学谦在建昌黑山羊精料补充料中加入不同水平的淀粉糊化尿素，发现 2%～8% 的添加水平对山羊肝脏无不良影响，4% 水平为最适添加量。

(五) 包被尿素

1. 来源

包被技术制备缓释制剂是制药行业常用的方法。随着新型高分子材料的出现，该技术逐渐被应用于制备缓释尿素，包被的材料和工艺对缓释的效果起着至关重要的作用。包被材料大致可分为无机物包被材料、有机物包被材料及可降解包被材料。

2. 功能

包被尿素以尿素颗粒为核心，表面涂覆一层低水溶性或微溶性的无机或有机聚合物，能够改变尿素的溶出性，并可根据瘤胃微生物需要来对尿素进行缓释；通过包被能够掩盖尿素原有的氨味来改善适口性，还能够防潮、防湿，增加尿素的稳定性。

3. 使用方法

体外培养试验表明，日粮中添加包被尿素能够提高干物质消化率，且与普通尿素相比，增加了微生物氮产量，并显著提高了微生物蛋白质的合成效率。奶牛上的研究表明，日粮中以包被尿素代替部分豆粕时，产奶性能未受影响，且降低了乳脂率和总固形物含量。肉牛试验表明，包被尿素比普通尿素在以低质牧草为基础日粮时能够为微生物发酵提供更充足的氮源以及更适宜的瘤胃 pH。

二、液氨

(一) 来源

液氨一般来源于工业合成。

(二) 功能

液氨常被用来制作氨化饲料，在粗饲料的处理上效果比较好，可以提高饲料粗纤维的消化效率，同时达到改善适口性的效果。用液氨处理秸秆，可提高秸秆中的非蛋白氮的含量。除此之外，氨还有抗霉菌的作用，可有效地防止秸秆发霉变质，增加秸秆的保存期。过量的氨不会对土壤产生危害，因为过量的氨可以挥发掉。

（三）使用方法

液氨与饲料的混合方式有很多种。使用液氨时，一般将液氨按粗饲料重量的3%注入粗饲料堆垛中，堆垛用塑料薄膜密封。常用的有堆垛氨化法、塑料袋氨化法等。堆垛法中用氨水或无水氨化处理时，一定要边垛边踩实，可一次性垛到顶，为了防止积水，顶部要呈凸形。为了便于插注氨管，可先放置木棒，待抽出后插入注氨管。不同含水量秸秆加水注氨量如下：干秸秆（含水量8%～10%）加水量15%～20%，注氨量3.2%～2.5%；半干秸秆（含水量20%～30%），加水量5%～10%，注氨量1.5%～2%；半湿秸秆（含水量30%以上），注氨量1.5%～2%。氨挥发很快，垛底温度在6～7 d逐渐上升到13～14 ℃；7～14 d后，垛底温度与气温相同。在不同气温下氨化时间有所差异，气温5～15 ℃时需氨化30～50 d；15～30 ℃时，需氨化10～30 d；30 ℃以上时，只需氨化7～10 d。另外，在青贮玉米时，按照每吨青贮玉米（30%～40%的干物质）加入3～4 kg氨，使其粗蛋白的含量由8%提高到12%～13%。

液氨容易挥发，因此氨化处理饲料时要密封保存。氨对人体和动物有危害，氨遇火会发生爆炸，空气中氨的浓度不宜过高。因此有关氨的操作需要远离火源，并且由专业人员操作。

三、碳酸氢铵

（一）来源

碳酸氢铵，又称碳铵，主要来源于工业生产。

（二）功能

碳酸氢铵一般用作氨化剂，主要用于秸秆的氨化。可以增加动物采食量，显著提高秸秆的粗蛋白含量及消化率，因而大大提高粗饲料的营养价值。经过碳铵高温氨化处理的秸秆，其营养价值可提高1倍，达到0.4～0.5个饲料单位，即1 kg氨化秸秆相当于0.4～0.5 kg精饲料，反刍动物非常喜欢食用。

（三）使用方法

碳酸氢铵可用作调制氨化秸秆的氨源，一般不直接加入混合精料中。温度会影响碳酸氢铵的分解，分解比例与温度成正比，温度越高，分解比例增加。为保证氨处理秸秆的效果，夏秋季气温较高时进行处理较适宜。

若用氨化炉，温度为 90 ℃，碳酸氢铵能完全分解，氨化效果好。碳酸氢铵用量占秸秆干物质重量的 8%～12%，氨化秸秆时用量以不超过 13% 为宜。

碳酸氢铵也可以添加到玉米秸秆中进行青贮。与普通青贮相比，添加碳酸氢铵+尿素的青贮料 pH 升高、粗蛋白升高，快速降解成分极显著低于普通青贮。

四、硫酸铵

（一）来源

硫酸铵就是平时用的一种氮肥，主要来源于工业生产。美国饲料级硫酸铵的质量标准：含氮大于或等于 21%，含硫 24%，含砷小于 75 mg/kg，重金属 30 mg/kg 以下。我国尚无饲料级产品。

（二）功能

硫酸铵主要用作反刍动物日粮的非蛋白氮源。硫在反刍动物体内起着重要的生理作用，可提高反刍动物生产力，是反刍动物所必需的矿物元素之一。在动物体内硫约占总体重的 0.25%，且必须由日粮供给。硫酸铵中含有氮和硫，容易被瘤胃微生物利用。适宜的含硫量和氮硫比可明显提高养分的表观消化率及蛋白利用率，进而促进动物生长。郑帅等研究表明，在促进瘤胃微生物蛋白和某些挥发性脂肪酸的合成方面，不同无机形式硫源合成相应蛋白质能力按顺序依次排列为：硫酸铵>硫>硫酸钠>硫酸钾>硫酸钙>硫酸镁。

（三）使用方法

硫酸铵含氮量 21.2%，相当于 132.5% 的粗蛋白质，含硫量 24.1%。瘤胃微生物的生长需要氮与硫的协同营养作用，牛的氮硫比为 10∶1～12∶1。硫酸铵可以兼顾动物对氮和硫的需求，配制日粮时要统一计算，并可用硫酸钠等硫源调整比例。含适宜硫水平的日粮，可提高瘤胃细菌蛋白质的合成，改善氨基酸平衡，提高动物生产水平。在调制青贮饲料时可按 0.5% 的量加入硫酸铵，用来提高含氮水平。与此同时，可以少量均匀地拌入精饲料中喂给牛。

五、磷酸脲

（一）来源

磷酸脲是一种理想的替代蛋白质饲料的非蛋白氮，纯的磷酸脲为白色透明结晶，可溶于水和乙醇，不溶于甲苯等有机溶剂，水溶液偏酸性。

（二）功能

磷酸脲是一种专门用于反刍家畜的营养型饲料添加剂，以非蛋白氮和水溶性直接吸收磷提供营养。提供非蛋白氮以代替部分豆饼、鱼粉等动植物蛋白，在缓解蛋白饲料资源紧缺方面的作用极大。

磷酸脲能减慢牛羊瘤胃和血中氨的释放与传递速度，而不致引起氨中毒。磷酸脲毒性比尿素低，安全性高于尿素，无致畸、致突变作用。同时，磷酸脲还可以增加反刍动物瘤胃中醋酸、丙酸的含量，促进反刍动物的生理代谢，对钙的吸收作用有良好的影响，且适口性良好。可以明显地提高牛羊的重量及泌乳量，改善产毛量及毛质。

作为饲用草料青贮剂和氨化饲料添加剂，磷酸脲易溶于水，水溶液呈酸性，可有效地保存饲料中的营养成分，可增加青贮饲料的蛋白质含量，同时具有防腐杀菌保鲜作用。磷酸脲与氨化饲料配合使用能保证氨化饲料的安全性，使用时溶于水后直接喷洒在饲料上混合均匀即可。

（三）使用方法

磷酸脲的主要作用是提供非蛋白氮和水溶性的磷，除此之外，磷酸脲还可以作为饲料防腐剂和饲料保藏剂。磷酸脲的使用方式有很多，可以直接添加使用，也可以和鱼粉、豆饼等混合使用。

磷酸脲与很多物质混合使用，不会影响彼此的功效，比如和抗生素混合互不影响，与维生素混合也不影响，因此可以很好地避免氨释放速度过快的问题，保证磷酸脲使用的安全性。

六、氯化铵

（一）来源

无色结晶或白色颗粒性粉末，无臭，味咸而带有清凉。易吸潮结块，易溶于水和液氨，并微溶于醇；但不溶于丙酮和乙醚。氯化铵由氨气与氯化氢或氨水与盐酸发生中和反应得到。

（二）功能

将氯化铵作为铵盐类非蛋白氮添加到牛、羊等动物的饲料中，但是添加量都有严格的限制。因动物食后带入较大量的氯离子和硫酸根，有碍体液的酸碱平衡。除了能作为非蛋白氮添加到反刍动物饲料当中，同样在兽药中应用广泛。最常见的有以下几种：一是作为鸡抗热应激药物；二是作为反刍动物的抗结石药剂；三是作为奶牛产前的阴离子平衡剂，防止奶牛产后瘫痪；四是作为水产动物的护肝防止溃疡用药物。

（三）使用方法

饲料级氯化铵是一种辅助性添加剂，其用量以一般不超过日粮中总氮含量的1/3为原则。另外，喂反刍动物的配料中一定要含一定量的粗蛋白，一般含量为10%～12%。

七、磷酸二氢铵

（一）来源

白色结晶性粉末，以适当比例的磷酸和氨为原料化学合成，反应后将溶液蒸干制得。

（二）功能

作为反刍动物的非蛋白氮，提供合成菌体蛋白的氮源，并提供部分无机磷。

（三）使用方法

可以制作成舔块使用，也可以混入青贮饲料中或直接添加于牧草或精料中使用。不能加入饮用水中使用。

八、磷酸氢二铵

（一）来源

无色透明单斜晶体或白色粉末，用过量硫酸萃取磷矿粉生成磷酸与二水硫酸钙，经洗涤、过滤分离出磷石膏后得到稀磷酸。将稀磷酸浓缩为含五氧化二磷 34% ~ 37% 的浓磷酸，与氨进行预中和。然后，在转鼓氨化造粒器中再与氨反应，经回转干燥制得。

（二）功能

作为反刍动物的非蛋白氮提供合成菌体蛋白的氮源，并提供部分无机磷。

（三）使用方法

可以制作成舔块或混入青贮饲料中或直接添加于牧草、精料中使用。不能加入饮水中使用。

九、异丁叉二脲

（一）来源

异丁叉二脲是公认的安全可靠、无毒副作用、性能优良的非蛋白饲料添加剂。主要用作反刍动物饲料添加剂。主要来源于工业生产，以尿素和异丁醛为原料，在酸催化的情况下经缩合反应而制得。

（二）功能

异丁叉二脲作为非蛋白氮饲料添加剂，理论含氮量为 32. 2%。每千克异丁叉二脲相当于 1. 73 kg 蛋白质，或相当于 5 kg 豆饼。其水溶性比尿素小，不会造成动物中毒或消化不良，且其适口性明显好于尿素。反刍动物瘤胃中释放出尿素后生成的异丁醛转化为异丁酸，可为瘤胃细菌合成氨基酸时提供碳架，促进微生物蛋白质的合成。试验表明，添加异丁叉二脲不仅可以显著提高犊牛的生长速度、奶牛的产奶量和乳品质，同时可以抑制反刍过程中甲烷的产生，可提高饲料的利用率 5% ~ 10%。

（三）使用方法

异丁叉二脲作为饲料添加剂添加到反刍动物精料中，搅拌均匀，喂食后30 min内禁止饮水。使用时，限于出生后 6 个月以上的牛，建议用量为 1% ~ 1. 5%。

第三节　维生素

维生素是动物维持正常生命活动所必需的有机物质，虽然人们通常把维生素描述为动物机体的“营养要素”，但它们与三大营养物质蛋白质、糖和脂肪不一样。维生素在分解代谢过程中产生的能量很微小，也不是机体组织结构的组成成分。其主要生物学作用是参与体内酶的辅酶或辅基的组成，间接调节物质在体内的代谢过程。虽然动物机体对维生素的需要量很少，通常以毫克或微克计，但其作用却十分重要。每一种维生素对动物机体都有特殊的功能。动物缺乏任何一种维生素都会引起特定的营养代谢障碍，即维生素缺乏症。轻者引起畜禽生长发育受阻、生产能力下降，严重时可引起大批动物死亡。

现代畜牧养殖业通常是把维生素作为营养成分添加到饲料中，以促进动物健康、快速地生长，提高畜禽的生产性能。研究发现，如果超量使用维生素，同样会使动物发生中毒或产生一些与治疗目的相反的作用，多次大剂量使用脂溶性维生素很容易产生蓄积性中毒。

现在已经归类的维生素有50多种，对动物重要的有近20种。根据溶解性质，把维生素分为脂溶性维生素（如维生素A、维生素D、维生素E、维生素K）和水溶性维生素（如硫胺类、核黄素、烟酰胺、维生素B_6、生物素、泛酸、叶酸、氰钴胺素、氯化胆碱、抗坏血酸等）两大类，另外还有其功能类似维生素的物质，称之为类维生素，如肉毒碱、甜菜碱、肌醇、对氨基苯甲酸、芸香苷、乳清酸、维生素F、维生素B_{15}、维生素T、维生素U等。

在目前规模化养殖中，饲料往往都是配合饲料，动物采食含维生素丰富的青绿饲料的机会大大减少，为了保证饲料中各种营养物质的平衡，必须在配合饲料中常规添加维生素。绝大多数维生素的性质不稳定，混饲后易受到多种因素（如氧化剂、矿物质、温度、湿度、光线）的影响，为了保证维生素的有效性，添加了维生素的饲料必须在2个月内用完。

一、脂溶性维生素

本类维生素都可以溶于脂类或油类溶剂中，不溶于水。包括维生素A、维生素D、维生素E和维生素K。本类维生素吸收后主要贮存于肝脏和其他脂肪组织中，以缓释方式供机体吸收利用。脂溶性维生素吸收多，在体内贮存也多，由于这一特性，并不一定要每天供给动物脂溶性维生素。如果机体摄取的脂溶性维生素过多，在体内大量蓄积，超过了体内贮存的限量，则可能导致动物脂溶性维生素过多而发生中毒症状。

（一）维生素A（视黄醇，抗干眼醇）

维生素A是一种呈微黄色油状或结晶状的高度不饱和脂肪酸。维生素

A 的剂量一般使用微克（μg）和国际单位（IU）表示。维生素 A 的来源主要是动物性食品，其中，在动物的肝脏和鱼类的油脂中含量极其丰富。植物则含有类胡萝卜素，它是维生素 A 的前体。类胡萝卜素几乎在所有的动物体内都可以转化为维生素 A，继而发挥维生素 A 的作用。动物体内不能合成维生素 A，只能依靠外源供给。

在日粮中使用氧化剂时应该根据所使用的剂量将维生素 A 的水平提高 50%～100%；吸附剂也可减少维生素 A 在消化道的吸收，如饲料中添加有硅胶粉，则日粮中维生素 A 的水平应提高 1～2 倍。维生素 A 或 A 原不耐热，青贮饲料放置过久，其中的维生素 A 原会因此而降低。维生素 A 与矿物质混合会迅速发生破坏，暴露于高湿、阳光下仅 2 h，降解率达 35%，所有的粗料在加工和贮存期间，其维生素 A 的活性会大大降低，收获后 6 个月干草中的维生素 A 原基本消失。

1. 作用与用途

维生素 A 能够维持正常的视觉、皮肤黏膜与上皮组织的完整性；促进动物正常生长和发育，维持骨骼的正常形态和功能。用于夜盲症；眼、呼吸道、消化道、泌尿生殖道黏膜感染；骨骼和牙齿生长缓慢、变形，动物生长发育迟缓，体重减轻；公畜性机能下降，母畜正常发情周期紊乱。

长期摄入高剂量或一次摄入超大剂量（50～500 倍的需要量）可导致维生素 A 中毒反应。中毒症状包括食欲不振、皮肤增厚、皮炎、被毛脱落、眼睑肿胀、关节疼痛、管状骨的骨膜发生增生变化、出血、自动骨折。一旦发生维生素 A 中毒，应立即停止使用维生素 A 制剂并使用维生素 K 以减轻出血等反应。

2. 适用情况

以下情况需要补充维生素 A：

（1）少或无绿色的劣质牧草组成日粮时；

（2）日粮主要由浓缩料或无绿色牧草组成时；

（3）饲料主要由玉米青贮料和低维生素 A 含量浓缩料组成时；

（4）吃母乳的幼龄反刍动物其母畜日粮维生素 A 或胡萝卜素含量低时；

（5）犊牛吃初乳量量少或断奶过早时；

（6）购买牛时不了解体质和营养状况，体内维生素 A 贮存量过少时。

3. 用法

维生素 A 的添加形式有四种，一是以浓缩料和液体添加剂形式添加，二是与矿物质一起做成自由选择的混合物，三是做成注射剂形式，四是饮水中添加。目前，动物生产中使用的大多数维生素 A 制剂作为一种配料统一添加到干料中，经动物采食补充。

维生素 A 与维生素 D 之间存在着拮抗关系，维生素 A 水平的提高会加大机体对维生素 D 的需要，因而造成维生素 D 的缺乏；反之，高剂量的维生素 D 与维生素 A 也有一定的拮抗作用。高水平维生素 A 对动物生长的副作用会随着维生素 D 的添加水平而得到改善。

维生素 A 与维生素 E 之间存在着协同和拮抗两种作用，并与其在日粮中添加量及相互配比有关。研究表明，维生素 A 和维生素 E 在低水平时，具有协同作用，维生素 E 可以保护维生素 A 不受氧化；维生素 A 与维生素 E 的拮抗作用主要出现在高水平时，维生素 A 的过量添加会干扰影响机体对维生素 E 的吸收，引起血液及肝脏中维生素 E 浓度的降低。

锌可以影响维生素 A 的吸收代谢。锌能促进 RBP 的合成，加速肝脏维生素 A 的入血速度。铁可以促进肝脏维生素 A 的动员，起到稳定血浆维生素 A 水平的作用。

4. 中毒

一般家畜和家禽维生素中毒事件是很少见的。但是对于人和家畜，所有的维生素中，维生素 A 是最可能超过中毒剂量的，且过量维生素 A 对大多数动物均有毒性作用。如非反刍动物包括鸟和鱼，超过安全水平 4 ～ 10 倍时会中毒，反刍动物超过需要量约 30 倍会中毒。反刍动物能耐受的剂量高可能是由于瘤胃中的部分微生物能分解维生素 A。大多数中毒有害作用是在每天需要量 100 倍以上使用一段时间后观察到的。因此，维生素 A 超量短时间内不会有有害作用。

（二）维生素 D

维生素 D 又称骨化醇或抗佝偻病维生素。维生素 D 是无色晶体，化学性质稳定，在中性和碱性溶液中耐热，不易被氧化，但在酸性溶液中则逐渐被分解。维生素 D 一般应存于无光、无酸、无氧或氮气的低温环境中。

维生素 D 是一类与动物体内钙、磷代谢相关的活性物质，能促进动物消化道对钙、磷的吸收。维生素 D 有多种形式，其中以维生素 D_2 和维生素 D_3 较为重要和常用。饲料添加剂多使用维生素 D_3。维生素 D_2 存在于植物性饲料中，其含量主要取决于光照程度。维生素 D_3 存在于动物组织中，动物的皮肤、羽毛、血液、神经及脂肪组织中含有的 7-脱氢胆固醇，经紫外线照射后生成维生素 D_3。

1. 作用与用途

能够保证骨骼的生长发育和禽类蛋壳的形成；促进骨骼愈合。用于佝偻病（幼畜）和骨质疏松症（成年），家禽产软壳蛋，蛋壳变薄，甚至不能形成蛋壳，停止产蛋；骨折。使用大剂量维生素 D 结合补充钙盐可治疗因甲状旁腺功能减退所引起的低血钙。

长期大剂量使用维生素 D 制剂可引起动物中毒，主要症状有高血钙、骨硬化症、软组织沉积钙盐、肾小管严重钙化、生长发育障碍，严重时引起尿毒症而死亡。研究发现，中毒死亡的动物肝和骨骼肌病变与缺乏维生素 E 相似，所以实践中有时用维生素 E 治疗维生素 D 中毒症。

2. 用法

由于现代集约化养殖中所喂饲料缺乏维生素 D 和饲养管理中没有直接接触阳光，所以必须提供一个维生素添加来源。获得维生素 D 有两种方法：来自动物的维生素 D_3和植物来源的维生素 D_2。家畜维生素 D_3主要是从维生素 D 添加剂获得，而维生素 D_2主要来自于食物和药物。补充维生素 D 还应该考虑其他日粮成分。日粮钙、磷或钙磷比例不适宜会使维生素 D_3的需要量增加几倍。

3. 中毒

维生素 D 中毒的症状包括厌食（食欲丧失）、体重严重减轻、血钙升高和血磷降低。许多学者描述了哺乳动物维生素 D 过多症的临床症状。

（三）维生素 E

维生素 E 又称抗不育维生素。耐热、易被氧化。天然维生素 E 易受氧化破坏，遇到某些矿物质会加速氧化，是一个很好的天然抗氧化剂，在食物和身体中保护胡萝卜素和其他氧化材料。

1. 作用与用途

维生素 E 具有抗氧化剂作用，抑制有毒的脂类过氧化物的生成，使不饱和酸稳定，防治细胞内和细胞膜上不饱和脂肪酸被氧化破坏，从而保护细胞膜的完整，延长细胞寿命；保护其他物质不被氧化。

维生素 E 在增强机体免疫力方面也有重要作用。它可以阻止花生四烯酸的氧化而抑制前列腺素的合成，从而增强机体的体液免疫反应；维生素 E 也可促进免疫器官的发育和黏膜的生长，增加淋巴细胞的数量，增强吞噬细胞的吞噬功能和自然杀伤细胞的活性，从而提高细胞免疫。当维生素 E 缺乏时，免疫器官法氏囊、胸腺和脾脏的生长受到抑制，循环淋巴细胞数目减少，机体的免疫力下降。

维生素 E 可以缓解应激对机体产生的影响。在应激条件下，添加维生素 E 可大大降低血清皮质醇的含量，并能提高血浆中 T_3、T_4 浓度，增强 T 淋巴细胞活性，具有明显的抗应激效果。

维生素 E 对繁殖性能有一定的影响。它可以促进机体垂体前叶分泌促性腺激素，促进卵巢机能，增加卵泡黄体细胞，提高繁殖能力。维生素 E

也可以促进精子的形成与活动。当维生素 E 缺乏时，会导致母畜卵巢机能下降，公畜睾丸变性萎缩，精子运动异常或不能产生精子。

2. 用法

维生素 E 易吸潮，遇光和空气易分解。所以，饲料中添加的维生素 E 一般为 DL-α-生育酚醋酸酯，效价低但稳定性高，水解后即可发挥作用。

维生素 E 与维生素 C 具有协同抗应激作用，且作用效果优于单一的维生素 E 或维生素 C。维生素 E 和维生素 C 还能增强缺氧损伤神经细胞的抗氧化能力，降低肾缺血再灌注损伤，二者联合使用优于单一使用，具有协同作用。

3. 中毒

维生素 E 是毒性最小的维生素之一。人和动物都能承受高水平的维生素 E。当然对于非常高的剂量，维生素 E 会对抗其他脂溶性维生素的功能。因此，高维生素 E 动物表现骨矿化作用减弱，肝脏存储维生素 E 减少以及血液凝固。

（四）维生素 K

维生素 K，又称抗出血因子、凝血维生素，是指具有叶绿醌生物活性的 α-甲基-1，4-萘醌及衍生物的总称。最早的维生素 K 是从麻子油和动物肝脏中发现并提取出来的。

1. 作用与用途

（1）参与凝血过程。在凝血过程中，维生素 K 可以促进凝血因子在肝脏中合成。这些凝血蛋白是以无活性的前体形式合成的，然后在维生素 K 的作用下转变成有活性的凝血蛋白，从而促进血液凝固。

（2）参与骨骼代谢与矿化过程。维生素 K 对动物骨骼的发育起着重要作用，它能减少骨基质丢失，抑制软骨钙化。

在临床上，维生素 K 主要用于禽类缺乏维生素 K 所引起的出血性疾病，预防雏鸡的出血性综合征。

2. 用法

天然维生素 K 稳定性差，在使用时，应注意各种影响其稳定性的因素。当有维生素 K 的拮抗物（如双香豆素、霉变毒素等）存在时，需要适当提高其添加量。动物对维生素 K 的耐受性非常强，一般不会发生中毒。

3. 中毒

维生素 K 的毒性主要是引起血液循环紊乱。维生素 K 引起的毒性的大小与动物种类以及维生素 K 的化合物的存在形式有关。天然存在的维生素 K，摄入量高也不会中毒。人、狗、小鼠摄入过量的维生素 K_3 时就会中毒。

二、水溶性维生素

水溶性维生素包括B族维生素和维生素C，均易溶于水。B族维生素包括维生素B_1、维生素B_2、泛酸、胆碱、维生素B_5、维生素B_6、维生素H（生物素）、叶酸和维生素B_{12}9种，它们的化学性质和生理功能有许多相似之处，大多是构成动物体内酶的辅酶或辅基成分。水溶性维生素不像脂溶性维生素，它们一般不在体内贮存，超过生理需要量的部分会较快地随尿排泄到体外，因此它们的毒性较低，一般不会因长期应用而造成蓄积中毒。一次大剂量使用通常不会引起毒性反应。

（一）维生素C

维生素C（抗坏血酸）摄入不足时，就会患可能致死的坏血病，并引起恐惧。食用新鲜水果可以预防和治疗坏血病。

1. 作用与用途

维生素C具有很强的还原性。能够增强机体的抗病能力和防御功能；有助于改善心肌功能和减轻缺乏维生素A、维生素E、维生素B_1、维生素B_2及泛酸等维生素所致的症状；增加应激反应的能力。

用于黏膜自发性出血，皮下、骨膜和内脏发生广泛性出血，齿龈肿胀、出血；牙齿松动易脱，关节肿痛，贫血，创伤愈合缓慢，骨骼和其他结缔组织生长发育不良，机体的抗病性和防御机能下降，易患感染性疾病。

在饲料供给正常的条件下，各种动物不易出现维生素C缺乏症。因为猪、鸡、牛、羊可有效地利用饲料中的维生素C，其体内还可由葡萄糖合成少部分维生素C供机体使用。常规条件下不必在饲料中补加。但在动物发生感染性疾病，处于应激状态时或饲料中维生素C显著缺乏时，则有必要在饲料中补充维生素C。

在兽医临床上，维生素C作为药物用来防治坏血病，并且可辅助治疗动物发热性传染病。这样可补充动物发病时维生素C消耗量的增加和增加抗病能力。维生素C还辅助用于各种贫血、出血症。

2. 用法

大多数动物机体内都可合成维生素C。自身合成的量一般都能满足自身的需求，但是也存在需要外界补充的情况，比如为了提高畜禽的生产能力，我们可以在饲料内添加维生素C试剂。在某些外界环境不理想的情况下，我们也需要为动物补充维生素C，比如，断奶时间比较早的动物，就需要在人工乳中添加维生素C；高温季节也需要添加维生素C，以提高动物对饲料的吸收效率。

3. 注意事项

维生素 C 应密封避光于干燥阴凉处保存。使用量长期在正常需要量的 5 ~ 50 倍时可引起中毒反应，如呕吐、腹泻、胃肠功能紊乱等。长期用药会对机体产生维生素 C 的依赖性，突然停药，动物则更容易发生坏血病。因此应避免大剂量长期应用维生素 C，维生素在碱性环境中更容易氧化失效，因此不宜与碱性药物混合。

（二）维生素 B_1

维生素 B_1 又称硫胺素、抗神经炎素，为白色结晶或结晶性粉末，其主要在小肠内通过载体被机体吸收。

1. 作用与用途

维生素 B_1 可促进胃肠道对糖的吸收；防止神经组织萎缩、维持神经和心肌正常功能；促进动物生长发育，提高机体的免疫机能。用于食欲不振、生长缓慢；痉挛和角弓反张现象，心肌坏死、心脏功能衰竭；高脂血症，机体浮肿、下痢、心包积水、低蛋白血症；甲状腺功能降低，妊娠和泌乳功能异常。家禽对维生素 B_1 的缺乏最敏感，其次是猪。

在兽医临床上，维生素 B_1 主要用于防治多发性神经炎及各种原因引起的疲劳和衰竭，高热和重度损伤以及大量输注葡萄糖时也有必要补充维生素 B_1。维生素 B_1 很少会因为饲料添加剂量过大而发生中毒反应。静脉注射中毒反应因动物种类的不同而异，中毒反应的剂量范围为 125 ~ 350 mg/kg 体重，一般为治疗剂量的 50 ~ 100 倍。中毒症状主要表现为衰弱、呼吸困难，严重时可因呼吸麻痹而死亡。

2. 用法

每 1 kg 日粮中维生素 B_1 推荐用量（mg）：各阶段肉鸡 1.8 ~ 3，小鸡 1 ~ 3，生长鸡 0.8 ~ 1.5，产蛋鸡 0.6 ~ 1.3，母鸡 3；生长猪 1 ~ 2.5。早期断奶仔猪 6，哺乳仔猪 3，育肥猪 2，种母猪 2.5，犬 3，猫 10。每 100 kg 体重（mg）：驹 15，役马、乘马 15，赛马和种用马 20。

3. 中毒

过量的硫胺素很容易通过肾脏清除。对大多数动物来说，日粮中的硫胺素的摄入量即使达到需要量的 1000 倍也不会产生毒副作用。当动物被静脉注射大剂量的硫胺素时，表现为血管舒张、血压不正常、呼吸不齐、沮丧。

（三）维生素 B_2

维生素 B_2，又称核黄素，味道较苦，呈现橙黄色，在水和乙醇中微溶，特别容易溶于强酸强碱溶液，在有机溶剂中不溶。

1. 作用与用途

核黄素的生理功能主要有作为辅酶和辅助因子、保持黏膜的完整性、维持神经系统的完整性、提高种蛋受精率和孵化率、影响激素分泌、提高机体免疫力、抗氧化作用等。

核黄素可以提高饲料的转化率，促进和调节动物的生长与组织修复，具有保护肝脏、皮肤和皮脂腺的功能。畜禽对维生素 B_2的需要量取决于品种、年龄及其生理状态。成年反刍家畜不需要额外添加维生素 B_2，因为瘤胃微生物可以合成足够的维生素 B_2。

2. 用法

每 1 kg 日粮中核黄素的推荐用量（mg）：早期断奶仔猪 8，哺乳仔猪 6，生长猪 2 ～ 5，妊娠母猪 3. 75，泌乳母猪 3. 75，种母猪 6，育肥猪 4；小鸡 4. 4 ～ 7，生长鸡 4. 4 ～ 4. 5，产蛋鸡 4. 4 ～ 5，母鸡 6；犬 5，猫 8，兔 6。每 100 kg 体重用量（mg）：驹 15，役马、乘马 15，赛马和种用马 20。

维生素 B_2片剂。拌料或内服，马、牛 0. 1 ～ 0. 15 g，猪、羊 0. 02 ～ 0. 03 g。预防维生素 B_2缺乏症：混饲，每 1000 kg 饲料，家禽 2 ～ 5 g。

（四）维生素 B_6

维生素 B_6，又称盐酸吡哆醇。加热升华，耐酸性、耐碱性较好，但耐热性差。干燥品对光和空气较稳定。

1. 作用与用途

维生素 B_6可以用作维生素强化剂、饲料添加剂。维生素 B_6在体内会转化为磷酸吡哆醛和磷酸吡哆胺，这两种物质是辅酶，可以辅助转化合成多种转氨酶、脱羧酶。

若动物机体缺乏维生素 B_6，会导致机体的氨基酸合成出现问题，进而影响到蛋白质和酶的合成。在饲料中添加维生素 B_6可以有效地阻止这种情况的发生，维持正常的氨基酸合成。

2. 用法

每 1 kg 日粮中维生素 B_6的推荐用量（mg）：小鸡 2. 5 ～ 4. 4，生长鸡 1. 5 ～3. 3，母鸡 5，产蛋鸡 1. 7；早期断奶仔猪 8，哺乳仔猪 6，生长猪 1 ～ 5，妊娠母猪 1，泌乳母猪 1，种母猪 5，育肥猪 4；犬 5，猫 5，兔 2。每 100 kg 体重每日用量（mg）：驹 10，役马及乘马 10，赛马及种用马 15。

维生素 B_6片剂。治疗维生素 B_6缺乏症，内服，以维生素 B_6有效成分计：马、牛 3 ～ 5 g，猪、羊 0. 5 ～ 1 g，家禽 0. 05 ～ 0. 1 g。

3. 中毒

一些临床资料证实，吡哆醇一般毒性很低。长期喂给小鼠盐酸吡哆醇每天2. 5 mg，小狗每天每千克体重20 mg，猴子每天每千克体重10 mg，都不会产生毒害症状。

较大剂量的维生素B_6就会使小鼠、兔子和狗产生不良表现，3天内可观察到明显的协调性和（或）直立反射异常，接着是严重的抽搐、瘫痪直至死亡。小鼠和狗摄入2～6 g/kg的维生素B_6后，脊髓和周围神经系统退化，高剂量的维生素B_6会使小鼠的睾丸受到损伤，包括精液的阻滞和塞特利氏细胞的病变。

（五）维生素B_{12}

维生素B_{12}又称氰钴胺素，是目前发现最大、最复杂的维生素分子，也是唯一含有金属离子的维生素。结晶为红色，故又称红色维生素。溶于乙醇，不溶于丙酮、乙醚和氯仿。

1. 作用与用途

维生素B_{12}能够促进家禽、幼畜生长发育，提高蛋白质的利用率，从而可用作饲料添加剂。维生素B_{12}缺乏症在猪通常表现为贫血，在家禽主要表现为产蛋率及孵化率降低。猪、犬、小鸡常发生生长发育受阻、饲料转化率降低、抗病能力下降、皮肤粗糙、皮炎。在伴有叶酸不足时，维生素B_{12}缺乏症表现更为严重。在治疗和预防贫血等症状时，维生素B_{12}和叶酸配合使用可取得较理想的效果。

2. 用法

每1 kg日粮中维生素B_{12}的推荐用量（μg）：仔猪20～40，育肥猪10～20，种母猪15～20；家禽10。

第三章 非营养性饲料添加剂及安全使用技术

第一节 饲用酶制剂

酶是蛋白质催化剂，更确切地讲是由活细胞产生的生物催化剂，能启动或控制细胞代谢过程中的特定生化反应，将底物转化为第二种物质。

酶的用途广泛，比如食品行业、医药、酿造等领域，但在动物性饲料中添加酶的目的是转化或钝化饲料中固有的抗营养因子，提高总的消化率，增加某一营养物质的生物学价值，减少畜禽排泄物对环境的污染。因此，酶在饲料工业和动物养殖业中的应用逐渐加强。现代生物技术、营养学、饲料学及酶工程和发酵工程的巨大进展，更进一步促进了酶的工业应用。其次，养殖业的发展，饲料资源的日趋短缺和环境污染的加剧，迫使生产者利用现代技术来降低成本，提高竞争力。

一、主要种类

（一）淀粉酶

淀粉酶类是作用于各种淀粉糖苷键的一类酶的总称。淀粉酶主要有α-淀粉酶（主要来自于枯草杆菌、米曲霉、黑曲霉、根霉等）、β-淀粉酶（主要来自麦芽、麸皮、大豆、芽孢杆菌等）、异淀粉酶（主要来自产气杆菌、芽孢杆菌和某些假单胞杆菌）和糖化酶（主要来自于曲霉、根霉和内孢霉等）。

（二）蛋白酶

这类酶主要作用于蛋白质的肽键，将蛋白质降解为肽或氨基酸，主要有胃蛋白酶（动物胃液中提取）、胰蛋白酶（动物胰液中提取）、木瓜蛋白酶、碱性蛋白酶、中性蛋白酶和酸性蛋白酶等。各种蛋白酶水解蛋白质的最适作用 pH 值不同。在饲料工业中，使用最多的是酸性和中性蛋白酶。中性蛋白酶来自于芽孢杆菌、曲霉等，酸性蛋白酶来自于黑曲霉、根霉和青霉。

（三）纤维素酶

纤维素酶指能分解纤维素β-1，4-糖苷键的酶，纤维素酶通常包括C_1酶和C_x酶以及β-葡萄糖苷酶，这些酶主要来自黑曲霉、绿霉、色木霉、根霉、青霉的培养物以及反刍动物瘤胃培养物。

（四）半纤维素酶

半纤维素酶是指水解半纤维素的一类酶的总称。主要有木聚糖酶、甘露聚糖酶、聚半乳糖酶等。植物细胞壁中的纤维素同果胶、半纤维素共同存在。植物细胞壁的降解需要多种酶的合作。

（五）β-葡聚糖酶

β-葡聚糖酶在大麦、燕麦等谷物中含量最高，构成其主要的抗营养因子。β-葡聚糖酶来自黑曲霉、枯草杆菌、地衣芽孢杆菌等。

（六）果胶酶

果胶酶种类多，也比较复杂，主要来自于木质壳霉、黑曲霉。

（七）复合酶

复合酶是将两种或两种以上具有生物活性的酶混合而成的产品。复合酶根据不同动物和不同生长阶段的特点进行配制，有较好的作用，是目前最常用的饲料添加剂。

二、功能

（一）破坏植物细胞壁，提高饲料养分消化率

畜禽日粮的主要成分是植物，主要营养成分是蛋白质和糖类。细胞壁是阻隔营养成分被吸收的主要屏障，细胞壁的组成较复杂，主要有纤维素、半纤维素和果胶。饲料加工时经历的物理过程不能完全破坏植物的细胞壁，使得细胞壁内的营养物质不能与各种水解酶直接接触，降低动物对日粮的利用率。若在饲料中添加饲用酶制剂就可完全分解植物细胞壁，加快动物对营养物质的吸收，提高植物性饲料的利用率。

（二）降低消化道食糜黏性，减少疾病的发生

植物中的果胶、半纤维素溶于水后会使消化道内黏度增加，阻碍了营

养物质和消化酶的扩散与渗透，影响消化和养分的吸收。同时，黏稠的粪便给卫生管理带来不便。使用相应的酶可显著降低消化道内容物的黏稠度，提高养分的吸收率，改善动物的生长和生产性能。

（三）有效利用饲料中的特定养分，消除抗营养因子

有些饲料组分（如日粮纤维和植酸磷）是无法被动物内源酶消化的，同时这些不能被消化的养分还会产生抗营养作用。畜禽饲料中的抗营养因子及难于消化的成分较多，它们以不同方式和不同程度影响养分的消化吸收和畜禽的身体健康。添加外源性酶制剂可以部分或全部消除抗营养因子所造成的不良影响。消化和降解这些抗营养因子的外源酶包括：植酸酶、β-葡聚糖酶、木聚糖酶、果胶酶、α-半乳糖苷酶。如日粮中添加植酸酶可使植酸盐中的磷释放出来，供动物利用，显著减少无机磷的添加量，进而降低磷的环境污染。植酸酶还可提高动物对氨基酸、钙、锌和铁的利用率。

（四）补充内源酶的不足，提高内源性消化酶活性

已知底物充足时，酶的浓度越高，酶促反应速度越快；酶的作用具有专一性。因此，在饲料中添加酶制剂可以补充动物体内的酶浓度，加快动物对饲料的吸收和利用率，同时还可以补充动物体内不具备的酶，完善动物的消化吸收功能，提高整个日粮的利用率。

这一作用对于幼龄动物尤其重要。幼龄动物的消化腺发育不完善，酶的分泌能力较弱，饲料中适当添加酶制剂能改进动物自身肠道酶的作用效果，以补充内源酶的不足，强化幼龄动物的消化功能，减少进入肠道内有效底物的发酵，从而降低幼龄时期的腹泻。外源酶对于改善应激状态下成年动物的消化也有一定的作用。

（五）调节动物机体的激素水平

有一些非直接的试验表明，某些酶有益于代谢水平的提高和免疫力的改善，饲料中加酶可提高肉仔鸡血液生长素、甲状腺素、胰岛素水平，有助于淋巴细胞的转化。

（六）改变肠壁结构，提高养分吸收能力

小肠是多数动物进行食物消化和养分吸收的主要场所。一定程度上，饲料可以增加小肠绒毛高度，从而扩大肠黏膜细胞的表面积，对食物和养分进行更为有效的摄入和吸收。其中，小肠对于摄入食物和养分的吸收可以通过隐窝深度来对细胞的增殖状况进行了解。若是隐窝深度数值变小则

说明小肠的肠上皮细胞成熟率获得提升，同时也可以间接表明小肠的吸收能力获得增强。所以，绒毛高度与隐窝深度比值是对于小肠吸收功能综合状态的间接反映。比值上升，则表示黏膜得到改善，消化吸收功能增强。

（七）抗氧化等方面的功能

具有抗氧化作用的酶有谷胱甘肽过氧化物酶、超氧化物歧化酶、过氧化氢酶等。氧化会使动物性产品的保存期缩短，质量下降。若动物体内形成过氧化物，这些酶的作用就会发挥抗氧化作用。

（八）减少畜禽后肠道有害微生物的繁殖

日粮中可溶性非淀粉多糖（SNSP）对日粮养分的消化吸收利用具有负营养作用。在畜禽体内未被消化吸收的养分（包括 SNSP）随食糜流动进入后段肠道，为厌氧有害微生物增殖提供碳源和能量，促进有害微生物的繁殖，使肠道菌群失衡，有害菌处于优势地位，影响畜禽的生长和健康，如产生大量生孢梭菌。某些生孢梭菌可产生毒素，抑制动物生长，降低动物生产性能。

（九）改善副产品饲料原料的营养价值，开辟新的饲料资源

用酶处理饲料有助于开发理想蛋白饲料，提高某些副产品的利用价值，成为工业生产理想的蛋白原料。

三、安全使用原则

（一）合理地选用酶制剂产品

选用酶制剂时，除了以复合酶制剂为主外，还要考虑酶制剂的稳定性、有效性和安全性。目前酶制剂的产品有很多，如美国的八宝威、国产的溢多酶、华芬酶等产品有较大的市场份额，质量较为可靠和稳定。

（二）根据动物的种类和不同生长阶段应用

已知酶具有专一性和特异性，每一种酶都有特定的适用对象和适用条件，出现的问题不同，需要使用的酶也不用。不同动物体内缺少酶的种类不同，缺少什么酶就补充什么酶制剂，这样既可以节约成本，也可以提高使用效果，通常家畜使用酶制剂作用效果比家禽好。同一动物的不同生长阶段也需要不同的酶，通常幼年阶段使用酶制剂比成年阶段好。

（三）结合饲料中原料情况应用酶制剂

为了满足酶特异性的特点，选用酶制剂时要注意饲料的组成成分，使酶制剂发挥最大效应并节约成本。例如，若饲料中的营养成分含有大量的果胶，那么就需要添加果胶酶制剂。

（四）注意酶制剂与其他添加剂的相互影响

硫酸锰和硫酸铜等盐类可以提高酶制剂的作用效果。酶制剂和抗生素之间既没有促进作用，也没有抑制作用。酶制剂和促生长类激素有协同作用。

（五）注意生产工艺的影响

酶制剂作为生产工艺中的重要物质，其成分主要是活性酶。因为酶的本质是蛋白质，所以无论是酶制剂本身还是其主要成分活性酶，都非常容易受到温度和光照以及酸度的影响。酶制剂作为生产工艺过程中必不可少的物质，在生产饲料的过程中，无论是物理操作的粉碎或是制成颗粒状的物理操作，还是涉及其他种类添加剂的共同作用，都有可能导致酶制剂失活，甚至变性。

为了防止酶制剂的失活变性影响生产工艺的正常进行，在生产过程中饲料的颗粒状制作操作时，其温度控制不宜超过 75 ℃，因为温度过高非常容易使得活性酶失活变性，只有严格把控温度，才能使酶制剂发挥其应有的作用。

第二节　微生态制剂

微生态制剂也叫益生素、生菌剂或 EM 制剂。微生态制剂是指能在动物消化道中生长、发育或繁殖，并起有益作用的微生物制剂。微生态制剂主要是由乳酸杆菌、芽孢杆菌、酪酸梭菌、双歧杆菌、枯草杆菌等有活性的微生物组成，目的是抑制和排斥大肠杆菌、沙门氏菌等病原微生物的生长和繁殖，促进乳酸菌等有益微生物的生长和繁殖，使动物的消化道内是以有益微生物为主的微生物菌群，降低动物患病的机会，促进动物健康生长；微生态制剂还能参与淀粉酶、蛋白酶的合成及 B 族维生素的合成，减少氨等其他有害物质的产生，从而促进动物的消化吸收，提高饲料的利用率。微生态制剂是以菌治菌，不存在抗生素等药物添加剂的药物残留和产生耐药性等不良副作用，也没有其他毒副作用以及不污染环境，是一种环保、安全和绿色的饲料添加剂，是未来饲料添加剂的目标和发展方向。它是近年来替代抗生素添加剂而开发的一类新型药物添加剂。微生态制剂遵循生态环境，是一种无公害制剂，在未来，微生态制剂将是添加剂行业的一种发展趋势。

一、作用机理

（1）防止氨和胺的产生，并利用它们合成蛋白质；

（2）产生免疫调节因子，提高机体抵抗力；

（3）维持动物体内菌群平衡，促进有益菌的生长繁殖，抑制致病菌的活性；

（4）产生抗生素类，抑制病原微生物的生长繁殖；

（5）降低肠道内 pH，使有益菌的活性增强，同时对致病菌灭活，改善动物对营养物质的吸收效果；

（6）产生某些维生素，增加动物代谢速度；

（7）因为微生态制剂在肠壁的附着力更强，所以可以阻止致病菌在肠道附着；

（8）合成消化酶、蛋白酶和脂肪酶，分解碳水化合物，提高饲料转化率。

二、主要种类

（一）乳酸菌类

乳酸菌是动物消化道中的优势菌群，利用乳酸菌定殖肠道产生乳酸，形成酸性环境，抑制病原菌繁殖，来维持动物胃肠道内环境和保持胃肠功能正常作用。乳酸菌是一种较常用的微生态制剂，主要有发酵乳酸菌和纤维二糖乳酸菌。

（二）芽孢菌类

芽孢菌类是好氧菌，可形成内生孢子。芽孢杆菌利用芽孢的耐恶劣环境能力和生长抗病原微生物，促进有益菌群的生长，并提供合成中性蛋白酶、B 族维生素等。芽孢杆菌是微生态制剂的主要菌种，主要应用的有芽孢杆菌、地衣型芽孢杆菌、枯草芽孢杆菌等。

（三）酵母制剂

利用多种酵母菌的产酶活性和各种促生长因子的共同作用来提高动物

的饲料消化率和利用率，有利于动物的生长和繁殖。常用菌种有酿酒酵母、产朊假丝酵母等。

（四）双歧菌类

双歧菌类能产生双歧因子，促进营养物质的吸收，合成一些 B 族维生素。主要应用的是双歧杆菌。

（五）曲霉类

利用曲霉制剂中的曲霉菌产生一批酶类和抗生素类物质，来改善动物的生长性能，提高动物免疫力，主要是黑曲霉制剂、白曲霉制剂。

（六）复合菌类

复合菌是将两种或两种以上的有益菌混合制成的制剂，由于混合菌有益于微生物的功能互补，因此复合菌制剂的效果要优于单一菌制剂。但是复合菌使用时菌种配伍种类要少而精，要保证各种菌类是协同作用。微生态制剂类饲料添加剂最常用的品种，目前市场上大多数饲用微生态制剂都是混合制剂。

三、安全使用原则

（一）正确选用微生态制剂

选用微生态制剂时，要考虑以下几点：①安全性。最基本的条件是安全，不能含有致病性、耐药性和毒副作用，不能含有病原微生物。②高效性。含有的菌种活性要高，数量要多。③稳定性。不论贮存条件怎么样，产品要保持高活性，且能长时间储存。④多效性。产品不仅要提高饲料利用率，还要促进有益微生物的生长繁殖、增强免疫力等。⑤针对性。针对动物的品种、阶段和生长特点，应有不同的产品，来提高作用效果。

（二）注意使用时间与使用期限

微生态制剂在使用抗生素之后使用效果更好，幼年时期使用比成年时期使用效果好。微生态制剂可较长时间使用，没有一定的停用要求。

（三）要有足够的使用剂量

微生态制剂从加工到贮存到进入消化道内，这些过程会使一部分菌类失活，因此，使用微生态制剂时要足量以保证使用效果。

（四）考虑微生态制剂与抗生素的关系

虽然微生态制剂在使用过程中会产生一些类抗生素物质，但是微生态制剂最好不要与抗生素同时使用，因为某些情况同时使用会产生毒副作用。微生态制剂也具有促生长作用，在某些情况下可以替代抗生素。

（五）注意贮存期限和加工工艺的影响

微生态制剂中起作用的为活性菌，影响菌类活性的因素有很多，比如光、热、酸和保存时间等。因此，在使用微生态制剂时应注意使用条件，避免与酸同用；不要使用贮存期过长的微生态制剂，做到随买随用。

第三节　饲用酸化剂

酸化剂是指能提高饲料酸度的一类物质。pH 是动物体内消化环境中的重要因素之一。酸碱平衡可以维持机体内环境稳态，保证体内各种酶的正常生理活性，调节细胞膜的通透性，维持体内正常的新陈代谢。影响酸碱平衡的因素有很多，如疾病、应激等。日粮中酸碱平衡是最常见、最重要的影响因素，如添加相应的电解质、酸化剂等。通过改变日粮的酸碱平衡来改变畜禽体内的酸碱状态，从而影响营养代谢及畜禽的生产性能。

无论电解质还是酸化剂，调节机体酸碱平衡的机理都与调节日粮 pH 和酸碱结合力、促进营养物质和矿物元素的吸收、提高日粮适口性、改善机体免疫和抗应激能力等密切相关，且研究发现，酸度调节剂对于家禽、仔猪等畜禽养殖业的健康发展发挥了重要作用。我国批准使用的酸度调节剂有柠檬酸、柠檬酸钠、柠檬酸钾、乳酸、酒石酸、苹果酸、磷酸、氢氧化钠、磷酸氢钠、氯化钾和碳酸钠等产品。

酸化剂作为常用的酸度调节剂，可直接调节日粮的酸碱平衡，改变畜禽机体内胃肠道的内环境，降低 pH，激活胃蛋白酶、胰蛋白酶等，促进营养物质的消化吸收；同时，改善胃肠道微生物区系的内环境，抑制肠道有害微生物的繁殖，促进微生物作用。近年来的研究表明，适当在畜禽饲料中添加酸化剂，能够提高饲料的利用率，提高动物产量，并可同时减少疾病的发生。

饲用酸化剂可分为单一酸化剂和复合酸化剂两大类。单一酸化剂是指单一的无机酸或有机酸，具有特定的优点和缺点。目前关于单一酸化剂的研究应用，主要围绕柠檬酸、延胡索酸等。为克服单一酸化剂的缺点，复合酸化剂应运而生。将多种特定的有机酸及盐类和无机酸混合制成复合酸化剂，利用彼此之间的协同作用，更好地促进营养物质的消化吸收。无论单一酸化剂还是复合酸化剂，都因其易吸收、无污染、无残留等优点，在畜禽养殖生产中得到较广泛的应用。

一、酸化剂分类

酸化剂可分为有机酸化剂、无机酸化剂和复合酸化剂三大类。

（一）有机酸化剂

有机酸化剂的化学性质特殊，一方面可以在消化道内产生氢离子，降低 pH 值，另一方面可以参与动物的能量代谢。大多数有机酸可以直接进入体内参与三羧酸循环，因此被广泛应用。常用的有机酸有柠檬酸、苹果酸、蚁酸、乙酸（醋酸）等。

（1）柠檬酸。柠檬酸又名枸橼酸，为无色结晶，易溶于水及乙醇，难溶于乙醚。熔点 100 ℃，常含一分子结晶水，大于 100 ℃则为无水物，有强酸味，稳定性强，与金属离子有配位性。其钙盐在冷水中比热水中易分解，此性质常用来鉴定和分离柠檬酸。目前使用最多的柠檬酸盐是柠檬酸钠，是由淀粉类物质发酵成柠檬酸，再与碱类物质中和而产生。饲料中的适宜添加量1%～2%。

（2）延胡索酸。又称富马酸，为白色结晶粉末，微溶于水，对氧化和温度变化稳定，无毒，可与饲料混匀，饲料中的适宜添加量 1.5%～2%。

（3）甲酸钙。为白色粉末，易溶于水，其有效组分是 31% 的钙和 69% 的甲酸，具有中性 pH，含水量极低，混合到添加剂预混料中不会造成维生素的损失，进入胃后在盐酸作用下分离出游离的甲酸，热稳定性和金属配位良好。

（二）无机酸化剂

无机酸化剂包括强酸，如硫酸、盐酸，也包括弱酸，如磷酸，磷酸既可以作为日粮酸化剂，也可以作为磷的来源。无机酸与有机酸相比具有成本低、酸性强的优点，但同时也具有酸度调节能力差、适口性差的缺点。

（三）复合酸化剂

复合酸化剂是由几种有机酸和无机酸复合生成的，可以快速降低 pH。主要优点就是添加成本低且效果好，几乎没有副作用。

复合酸化剂与普通单一酸化剂如柠檬酸、延胡索酸相比，具有用量少、成本低、酸度强、酸化效果快、作用范围广泛等优点。

二、酸化剂的功能

（一）降低胃内 pH 值，提高酶的活性

胃蛋白酶的适宜 pH 值较低，最适宜的 pH 值为 2.0 ~ 3.5，当 pH 值变大时会影响胃蛋白酶的活性，甚至会使胃蛋白酶失活。畜禽饲料中的酸化剂会降低胃内 pH 值，使胃蛋白酶和胰蛋白酶活性增强，分解更多蛋白质。

（二）改变胃肠道内微生物区系

动物消化道内的有害菌生存的适宜 pH 值为 6 ~ 8，而有益菌在 pH 值 5 左右才能正常生长。因此，添加有机酸降低胃肠道 pH 值，不仅可以促进乳酸菌的繁殖，增加活性，还可以阻止大肠杆菌等病原菌的繁殖。同时乳酸菌也有降低肠道内 pH 值的作用，又可以抑制病原菌的生长繁殖，抑制有害微生物的生长，促进有益菌增殖。

猪肠道内的大肠杆菌最适 pH 值为 6.0 ~ 8.0，梭状芽孢杆菌为 6.0 ~ 7.5。当 pH 值小于 4 的时候，猪肠道内的大肠杆菌和梭状芽孢杆菌就会失活。胃肠道内微生物平衡失调是仔猪腹泻的重要原因之一，大肠杆菌的大量繁殖与乳酸菌受抑制导致了腹泻。在仔猪饲料中添加有机酸可以降低仔猪胃肠道的 pH 值，抑制有害菌的繁殖，促进有益菌的繁殖，从而改善仔猪的健康状态，促进生长。

有机酸还有较强的杀菌作用，蚁酸和丙酸抑制沙门菌、霉菌和梭状芽孢杆菌的作用较强，乳酸对一些病毒、革兰阴性菌有较强杀灭作用。

（三）延缓胃排空速度

胃内容物的体积和 pH 值是影响胃排空速度的重要因素。酸性物质进入小肠后，小肠黏膜由于受到酸的刺激而分泌肠抑制素，抑制胃的消化作用，增加消化时间，使得该物质与消化液在胃内充分混合，从而减轻小肠负担，并促进营养物质在肠道的消化吸收。

酸化剂在降低胃肠道 pH 值的同时，还会与钙、磷、铜等矿物元素形成有利于吸收的络合物。因为这些矿物元素在碱性条件下极易形成不溶性盐而影响吸收，所以酸化剂的使用还可以促进矿物质的吸收。肠道的这种酸性环境也有利于维生素 A、D 的吸收。

（四）直接参与代谢

一些有机酸能直接参与机体能量、结构和酶促反应，提高机体的抗应

激能力。柠檬酸和富马酸是很好的应激保护剂，这是因为柠檬酸和富马酸是三羧酸循环的中间产物，形成能量的途径比葡萄糖短，在应激条件下，可用于 ATP 的紧急合成，从而提高机体的抵抗力。故有机酸可作为能量的来源，并减少因糖异生和脂肪分解造成的组织消耗。

（五）改善日粮的适口性

有机酸有一种特殊的香味，可以掩盖饲料原本的气味，动物每日食用的饲料中加入少量的柠檬酸、乳酸等有机酸可以改善日粮的口感，并刺激动物口腔内的味蕾细胞增加唾液的分泌量，从而起到增进食欲的作用。

三、影响酸化剂使用效果的因素

在生产实践中，影响酸化剂使用效果的因素有：

（一）日龄和体重

胃肠道 pH 值高时，就可使用酸化剂。比如随着猪年龄的增长，其胃中的 pH 值会逐渐下降，一般在 10 ～ 12 周的时候会呈现出稳定的 pH 值。

（二）日粮蛋白质来源

蛋白质可以由奶产品、大豆粉和鱼粉等提供，不同的蛋白质来源有不同的最适 pH 值，蛋白质只有在最适 pH 值的时候才能有最佳的消化效果。就添加酸化剂产生的效果而言，植物蛋白优于奶蛋白。

（三）饲料原料的酸结合力

影响胃内游离酸量的主要因素是饲粮的酸结合力（或称酸中和能力）。饲料的酸结合力与游离酸的吸附量成正比，饲料酸结合力越强，游离酸的吸附量越大，那么胃内的 pH 值就会变大，就会影响动物对食物的消化。

（四）酸化剂的种类和使用量

不同酸化剂在分子量、酸性、气味和热稳定性等方面存在差异。因此，各种酸化剂的使用效果、使用对象和最佳使用量等都有所不同。目前，使用效果较好的酸化剂有柠檬酸和甲酸钙，而盐酸和硫酸没有效果，甚至某些情况下会有副作用。酸制剂添加量大小受日粮类型和动物日龄等因素的影响，使用效果依赖于使用量。酸化剂添加过量会增加成本而且降低饲料的适口性，酸化剂添加不足达不到使用效果，适量使用酸化剂才会有促生长效果。

四、应用前景

当前酸化剂已成为继抗生素之后与益生素、酶制剂、香味剂等同样重要的添加剂，加之使用抗生素及抗菌药物带来诸多问题，人们越来越青睐无残留、无抗药性、无毒害作用的环保型饲料添加剂。短期内取消抗生素及抗菌药物的使用尚不可能，但以酸制剂替代部分药物类添加剂是可行的。酸制剂作为饲料添加剂，不仅具有良好的促生长效果，而且在饲料保藏上也有良好的效果；部分酸化剂对消除危害畜禽的沙门氏菌、大肠杆菌等病原菌也很有效。因此，在未来的环保型养殖业中，酸化剂具有举足轻重的作用和广阔的应用前景。

第四节　中草药添加剂

中草药饲料添加剂是指根据中医中药理论选单味或将几种有药用价值的动植物产品配伍组成，对动物生长和生产性能有一定作用效果的一类饲料添加剂。中草药饲料添加剂是我国特有的中医中药理论长期实践的产物。中草药中的成分较为丰富和复杂，除了含有氨基酸和多种维生素等一些营养物质外，还富含生物碱、挥发油、鞣质、天然激素和未知生长因子等活性物质。这些活性物质在一定范围内可有效促进动物生长，改善动物生产性能。

一、基本特性

（一）低毒性

中草药本身就具有低毒的特性，中草药添加剂是从中草药中提取出来的，经历多重筛选，剩下的是对人体和动物都无害的、有益的物质，且很容易被吸收，可以说是精华。

（二）无抗药性

中草药添加剂具有抗菌作用，大多数的中草药的抗菌作用是通过激发体内的抗菌因子来发挥作用，被激发的抗菌因子数量和活性会大量增加，然后进行病毒的消灭工作，因此天然的中草药是不会产生抗药性的。

（三）多功能性

中草药均具有营养和药物两种作用，将两种以上中草药混合在一起可以使中草药具有多种功能。中草药添加剂之所以具有多种功能，是因为大多数中草药都是有机物，而且成分比较复杂，少则十几种，多则上百种，每种成分都有自己的功能，混合在一起就使得该中草药具有多种功能。而且在混合各种成分的时候是按照传统的物性理论组配的，这种混合产生的效果是化学物质不能比拟的。

中草药的多种功能有营养作用、免疫作用、抗应激作用等。

（四）经济环保性

化学药品的合成工艺复杂，耗费的资金较多，而且会污染环境。而中草药添加剂的原料大多数都是来自在大自然中生长的动植物，它们都具有加工简单、纯天然、自身就是天然有机物的特点，而且生产之后不会产生污染性的垃圾。

二、主要种类

我们大概将中草药分为 11 类，有免疫增强剂、驱虫剂、抗应激剂、抗微生物剂、增食剂等。

（一）免疫增强剂

免疫增强剂的作用有两个，一是增强动物机体的免疫力，主要增强的是动物的非特异性免疫；二是增强动物的抵抗力。可以用作免疫增强剂的中草药有黄芪、穿心莲、党参、当归等。

（二）驱虫剂

驱虫剂的作用：

（1）增强机体抵抗寄生虫的能力；

（2）驱除动物体内寄生虫。

可以用作驱虫剂的中草药有百部、硫黄、使君子等。

（三）抗应激剂

抗应激剂的作用在于阻止动物机体的应激反应、抵抗衰竭期出现的异常变化等。可以用作抗应激剂的中草药有黄芪、党参、柴胡、鸭拓草等。

（四）抗微生物剂

抗微生物剂所抵抗的微生物是病原微生物，病原微生物有真菌、病毒等。可以用作抗微生物剂的中草药有金银花、苦参、板蓝根、土茯苓等。

针对不同的病原微生物应使用不同的抗微生物剂。

（五）激素样作用剂

激素样能对机体起到与激素类似的调节作用。现已发现的具有雌性激素样作用的有香附子、补骨脂、当归、甘草、蛇床子等；具有雄性激素样作用的有人参、虫草等；具有肾上腺素样作用的有细辛、香附子、高良姜、五味子等；具有促肾上腺皮质激素样作用的有水牛角、穿心莲、雷公藤等；酸枣仁、枸杞子、大蒜等具有胆碱样作用，具有缓和和防止应激综合征的功能。

（六）增食剂

增食剂的主要作用是消食、开胃。饲料中添加增食剂可以增加饲料的适口性、增加动物的食欲。常用作增食剂的中草药有山楂、陈皮、五味子、麦芽等。

（七）促生殖剂

促生殖剂主要适用于雌性动物。作用是促进卵子的生成和排出，最终提高繁殖率。可以用作促生殖剂的中草药主要有水牛角、淫羊藿等。

（八）疾病防治剂

疾病防治剂的作用是防治动物疾病，帮助动物恢复健康。在动物中常见的疾病有咳嗽、瘀血等，可以用作疾病防治剂的中草药有百部、仙鹤草、杏仁、当归、益母草等。

（九）催乳剂

催乳剂的主要作用是促进乳腺的发育和增加乳汁的合成量。可以用作催乳剂的中草药有马鞭草、鸡血藤等。

（十）催肥剂

催肥剂可以加速动物体重的增加。可以用作增肥剂的中草药有酸枣仁、山药、五味子、山楂等。

（十一）饲料保藏剂

饲料保藏剂的作用就是保护饲料不变质，使饲料的贮存时间增加。可以用作饲料保藏剂的中草药有花椒、白鲜皮、红辣椒等。

三、作用机理

中草药饲料添加剂大多是几种中草药混合制成，每种中草药的组分都有很多，其中有效成分也不少，所以目前对中草药饲料添加剂的作用机理不是完全掌握。

就目前我们掌握的作用机理而言，可以总结出下面几点：

(1) 中草药具有多种活性物质，可以对机体的免疫功能进行调节、增强机体的非特异性免疫能力；

(2) 中草药内含有多种营养物质，用作饲料添加剂可以为动物提供营养；

(3) 从中兽医理论的角度出发，中草药具有扶正祛邪、均衡阴阳的功能，可以强身健体；

(4) 中草药含有大量的蛋白质，可以促进酶和蛋白质的合成，加速机体的新陈代谢功能；

(5) 中草药中还有生长调节因子，对机体的生化反应有促进作用。

(一) 中草药的抗病毒作用机制

根据中草药的抗病毒的作用，现在普遍认为可以将抗病毒中草药的作用机制分为两类：

(1) 直接灭活或抑制病毒。该作用机制是直接把病毒的繁殖过程隔断，让病毒不能再生长繁殖。可以发挥该机制作用的中草药有板蓝根、金银花、连翘等。

(2) 间接抑制病毒。间接抑制病毒是指通过增强人体的免疫力做到抑制病毒的作用。人体的免疫力可以提高的方面有增加机体的免疫细胞、增强机体的体液免疫能力等。可以发挥该机制作用的中草药有人参、黄芪、山药、茯苓等。

(二) 中草药的抗耐药菌作用机制

中药复方对细菌感染性疾病的治疗作用，是通过调节机体自身免疫力，调动机体的抗病能力来实现的，其中也包括中草药对细菌的增敏作用，可以提高细菌对抗生素的敏感性，以及中草药的消除耐药质粒作用和中草药有效成分逆转细菌耐药性的作用。

主要作用机制包括以下几方面：

(1) 中草药消除耐药质粒。中草药的质粒消除研究始于 20 世纪 80 年代，通过后续研究，发现耐药性的消除与中草药的作用时间呈正相关，中草药对耐药质粒体内消除率多高于体外，且中草药复方的消除率相对于单方更高，消除作用会受到提取工艺的影响。

（2）中草药抑制 β-内酰胺酶的作用。

（3）中草药抑制耐药菌抗生素主动外排。

（4）中草药抗菌增效剂。

目前，用于抗耐药菌作用机制的中草药主要有血腥草、板蓝根、柴胡、金银花等。

四、主要作用

（一）提高饲料的吸收利用率

中草药饲料添加剂有促进消化吸收的作用，还可以在一定程度上加快代谢速率，从而达到促进生长发育的目的。促进消化吸收的中草药常见的有山楂、麦芽、肉桂等，起到加速代谢的中草药有人参、枸杞、黄芪、麻黄等。

（二）抗应激作用

有很多中草药具有抗应激作用，比如板蓝根、山楂、厚朴、苍术、藿香等。

（三）使畜产品品质得到改善

有一些中草药含有色素，这种色素是植物色素，和化学合成的色素相比，植物色素没有毒副作用，对人体没有伤害。比如，针对肉鸡来说，在饲料中加入丁香、胡椒、生姜等可以使肌肉的味道更浓，加入松针粉可以加深蛋黄颜色。

（四）增强繁殖性能

不论是传统的中兽医学理论还是现代的药理研究，都证明淫羊藿具有增强雌性动物生殖的能力。淫羊藿增强繁殖能力的作用机理：淫羊藿可以使雌性动物的子宫内膜增厚、卵巢变重、卵巢黄体和细胞增多，也就是说具有促性腺作用。

除了淫羊藿可以改善雌性动物的繁殖能力之外，还有很多中草药可以增强雄性动物的繁殖能力。

比如，产蛋率就是鸡的繁殖能力决定的，在鸡饲料内加入益母草、罗勒等中草药，可以调高产蛋率。

（五）促进泌乳，改善乳的品质

为了提高奶牛的产奶量和乳脂率，我们可以在奶牛的饲料中添加党参、益母草、当归等中草药。而且这些中草药对牛乳中的乳蛋白、乳糖等没有任何影响。

（六）抗菌驱虫作用

某些中草药具有驱虫的作用，比如槟榔、苦参、大蒜等。

（七）抗菌、抗病毒作用

很多中草药具有健脾、抗菌、抗病毒的作用。有这些作用的中草药有金银花、黄连、大蒜等。

（八）增强免疫力

增强免疫作用的中草药有黄芪、淫羊藿、刺五加、穿心莲、高陆、茯苓等。

五、发展方向与发展前景

（一）发展方向

中草药饲料添加剂是在现代化和集约化养殖业中随着饲料工业发展而出现的一门新兴产业。我们现在对中草药添加剂的研究还处于初步阶段，它的很多功能还是未知的，我们对它研究的脚步不会停下。中草药是一种纯天然的绿色添加剂，就目前所知的内容来说，对动物和人体都是没有毒副作用的。

1. 系列化生产

因为现在中草药添加产品比较散乱，没有形成系列，所以现在中草药添加剂的生产还没有商业化，没有出现大批量的生产。我们现在研究方向之一就是有针对性地形成一系列产品，满足各种动物的需求，满足同种动物不同时期的需求。

2. 剂量微量化，含量标准化

就目前已经投入使用的中草药添加剂而言，存在一些弊端，比如普遍使用的量较大、动物的适口性较差等，因此研制低剂量的高效产品就成为我们目前的方向之一。要满足剂量小和效率高，就需要提取中草药中的有效成分，然而中草药的有效成分的测定比较困难，它的有效成分受到很多因素的影响，比如中草药的种植地、成熟中草药的收获时间等。故我们需要通过建立标准化的技术来实现生产的标准化。

3. 制作工艺现代化

在中兽医理论的指导下，加强对中药单方的组成成分的药理学、毒理学研究，同时对中药复方进行药效学研究，同时积极使用中药生产中常用的关键技术，采用快速有效简捷的中药化学成分的分离方法，进行中兽药多种剂型的药剂学研究，积极推进中兽药的研究开发和现代化发展。中草药原料药开发注重利用现代技术分离提取有效成分，弄清其结构和理化性质，最后达到人工合成的目的。

4. 作用机理研究科学化

就现状来看，我们对中草药添加剂的研究还只是停留在中医理论层面，没有与生理学、营养学等知识相结合。只以传统的中医理论基础进行研究，不能完全掌握中草药的作用机理，所以我们要结合分子生物学等现代科学技术对中草药进行研究。

我们需要使用现代研究技术解决的问题主要有两方面：

（1）关于中草药的作用机理研究，现在我们的研究内容主要是临床和有效成分上，还没有在微生物学、分子学、病理学等层面上进行研究，接下来要做的就是结合各个层面开展中草药的作用机理研究；

（2）研究的目的是实际应用，因此在研究的同时要结合实际情况，做到科学和实际生产协调发展。

（二）发展前景

随着抗生素等药物添加剂逐步被限用和禁用，中草药饲料添加剂已越来越引起饲料工作者的注意和研究，现在已有一些商品化的中草药饲料添加剂产品，并在一定范围内试用。由于中草药没有残留和耐药性等不良副作用，因此中草药饲料添加剂符合现代饲料添加剂的发展要求，是一种有望替代抗生素类饲料添加剂的产品。

畜禽产品的质量安全和很多因素有关，饲料是其中比较重要的一种因素，而饲料的安全又和饲料添加剂的安全分不开。如果使用的饲料就不安全，那就更不用说畜产品的安全了。使用安全的饲料添加剂是非常重要的，不仅涉及动物的安全，还涉及人类的健康问题。中草药添加剂是一种安全、绿色的添加剂，对人体无毒无害，而且中草药添加剂的功能多样，中草药添加剂必然会成为添加剂研究的主流方向，它的前景是非常好的。

第五节　饲料保藏剂

本节仅对抗氧化剂和防霉剂的种类及安全使用做简要阐述，后续章节会对其生产工艺等做进一步的讲解。

一、抗氧化剂

（一）概述

抗氧化类饲料添加剂常称抗氧化剂，是指能够阻止或延迟饲料中某些营养物质的氧化，提高饲料稳定性和延长贮存期的一类饲料添加剂。氧化是导致饲料品质变劣的重要因素之一。饲料在贮藏期间，由于一定的温度、湿度及空气的作用会产生氧化作用，使维生素受到破坏，脂肪物质氧化，产生对动物危害很大的毒性物质，严重影响饲料的适口性。使用了这类饲料会导致动物机体代谢紊乱，肝脏和肾脏中毒性营养障碍，妊娠母畜中毒等症状。因此在饲料中使用抗氧化类饲料添加剂，保持饲料较好的品质以及延长饲料的保存期，是工业化饲料生产所必需的。

抗氧化剂分脂溶性抗氧化剂和水溶性抗氧化剂两种。脂溶性抗氧化剂能均匀地分布在饲料油脂中，可防止饲料中脂肪或脂溶性维生素的氧化。脂溶性抗氧化剂又有人工合成和天然物质之分。人工合成抗氧化剂主要是酚的衍生物、芳香族酰胺类，一般具有挥发性，加热时与水蒸气一起挥发，如乙氧基喹啉、二丁基羟基甲苯、丁基羟基茴香醚等。天然抗氧化剂包括愈疮树脂、芝麻精、生育酚混合浓缩物等。水溶性抗氧化剂是指能溶解于水的一类抗氧化物质，多用于防止饲料的氧化变质和防止因氧化产生的饲料适口性降低，如抗坏血酸及其盐类、异抗坏血酸类、二氧化硫及其盐类。天然抗氧化剂使用安全，无副作用，但价格昂贵，目前常用的抗氧化剂主要是由化学方法合成的。

（二）主要种类

1. 乙氧基喹啉

乙氧基喹啉又称乙氧喹，商品名有抗氧喹、山道喹、衣索金等。乙氧基喹啉的外观呈黄色至黄褐色黏滞液体，有特异臭味，不溶于水，但溶于植物油中，在自然光下易氧化，色泽变深，故应保存在避光密封容器中。作为商品的乙氧基喹啉有粉状和液体两种。

乙氧基喹啉是一种人工合成的抗氧化剂，它从生产运输、贮存直到动物体内消化全过程进行抗氧化，是公认首选的抗氧化剂，尤其对脂溶性维生素的保护，使用量一般在 150 g/t 以下。

乙氧基喹啉常作为维生素 A 的稳定剂，可促进动物对维生素 A 的储备，同时可以防止硝酸盐破坏维生素 A。作为抗氧化剂，与维生素 E 功能有部分重复，可以提高饲料的利用率，促进生长，提高产蛋率、受精率和孵化率。

2. 丁基羟基茴香醚

丁基羟基茴香醚是人工合成的抗氧化剂，白色粉末，有特殊臭味和刺激性气味，不溶于水，可溶于乙醇、丙酮及丙二酸等，对热稳定。

丁基羟基茴香醚通常是 α 型和 β 型异构体组成的混合物，在一般条件下较为稳定，能在动物体内代谢分解，迅速从体内排出，通常不在体内蓄积残留。丁基羟基茴香醚与柠檬酸、抗坏血酸等合用有较好的协同作用。使用时，以适量的乙醇和丙二醇作溶剂能提高丁基羟基茴香醚的抗氧化能力。丁基羟基茴香醚能较有效地防止油脂和维生素的氧化，多用为油脂抗氧化剂，但商品价格较高，一般用量在 200 g/t 以下。

3. 二丁基羟基甲苯

二丁基羟基甲苯简称为 BHT，为白色结晶物，无味、无臭，不溶于水和甘油，易溶于甲醇、乙醇、丙酮、棉籽油及猪油等。对热稳定，遇金属离子不会着色。

二丁基羟基甲苯是一种人工合成的抗氧化剂，稳定性较高，商品含量在 95%～98%之间。二丁基羟基甲苯能有效地防止脂肪、蛋白质和维生素的氧化变质，提高饲料利用率，有利于蛋黄和胴体的色素沉着、家禽体脂碘价的提高以及猪肉香味的保持，是一种在动物饲料中广泛应用的抗氧化剂。二丁基羟基甲苯在体内残留较低，使用也较为安全。

4. 天然抗氧化剂

天然抗氧化剂的种类有很多，其中以维生素 E 最为常用，除此之外较为常见的天然抗氧化剂还包括 L–半胱氨酸盐酸盐以及维生素 C 等。但是截至目前，维生素 E 仍然是工业化生产的唯一天然抗氧化剂。不仅仅是因为其对氧非常敏感，并且很容易被氧化，更重要的是维生素 E 不同于其他人工制作的抗氧化剂，维生素 E 不仅能够作为饲料的抗氧化剂，同时也是动物消化器官细胞的抗氧化剂。所以，维生素 E 不仅能阻止饲料被氧化变质，同时可以阻止或延缓动物消化器官细胞的过氧化进程，这也是维生素 E 一直以来作为唯一工业化生产的天然抗氧化剂最重要的原因。

5. 复合型抗氧化剂

复合型抗氧化剂由两种以上不同类的抗氧化剂配合而成，明显增强了抗氧化剂的功效，应用范围也更广，使用也比单一的抗氧化剂更方便。

（三）如何合理应用抗氧化剂

1. 合理选用抗氧化剂

抗氧化剂是饲料添加剂中最常用的品种之一，在多数的饲料品种中都有使用。安全性和有效性是选用抗氧化剂的首要考虑。好的抗氧化剂不仅本身要对动物健康无毒副作用、安全可靠，而且使用后不能使营养物质的利用率降低、不影响动物性食品的质量。同时还得经济实惠。

维生素最好的保护剂就是乙氧基喹啉。乙氧基喹啉盐类的抗氧化效果比游离的乙氧基喹啉碱好。一些复合型抗氧化剂也具有较好的作用效果，且作用范围广，使用量少，经济实用，也是较常用的饲料抗氧化剂。为了避免动物出现不良反应，不明确成分的抗氧化剂不要使用。

2. 正确掌握使用抗氧化剂的时机

因为抗氧化剂并不能改变已经酸败的结果，只是阻碍氧化作用和延缓氧化发生的时间。所以抗氧化剂最好在初期就投入使用，此时饲料还未被氧化。氧化抗氧化剂是一件很容易的事情，抗氧化剂被氧化之后将会变成促进氧化的物质，加速饲料被氧化作用的发生。因此，如果部分饲料已经被氧化，并且生成了有加速氧化作用的过氧化物，那么此时无论投入多少抗氧化剂，也不会停止饲料被氧化的进程，相反的，此时投入的抗氧化剂还会成为催化氧化反应的试剂，加快饲料被氧化的速度。

由此可知，抗氧化剂在使用时一定要注意时机，正确的时机使用是抗氧化剂，错误的时机使用是催化氧化反应的试剂。

需要注意的是脂肪在被氧化之后会产生过氧化物，遇到含脂肪的饲料要多加注意。

3. 根据实际情况灵活掌握使用剂量

实际情况中使用合适剂量的抗氧化剂，一是为了保证使用效果；二是为了节约成本，保证最大的利用率。如果饲料中的脂肪含量过高，此时需要添加更多的抗氧化剂，防止脂肪被氧化产生过氧化物。如果饲料中的维生素 E 的含量较少，需要加大抗氧化剂的使用剂量，保证饲料不被氧化。如果饲料需要保存较长的时间，且在温度较高的季节或者湿度较大的季节，那么就需要在饲料中添加更多的抗氧化剂，以防饲料被氧化，失去本该有的功效作用。除了上述特殊情况外，通常使用时参照说明书就可以了，没有什么特殊的要求。

但是，需要注意的是抗氧化剂的使用不是越多越好，过高有可能会对动物产生不良影响，影响动物的正常生长和肉质健康。一般的人工合成抗氧化剂的用量多在0.01%～0.02%之间，具体使用时要灵活多变，根据使用说明和要求合理添加，不要过量使用。

4. 注意抗氧化剂与其他添加剂的关系

一般抗氧化剂与防霉剂一起使用，饲料发霉变质会加速饲料被氧化的进程。很多金属离子具有催化氧化的效果，比如铁离子、铜离子，尤其是铜具有非常强的催化氧化反应的作用，可以在很大程度上影响抗氧化剂的使用效果。当然，这些金属离子也有相克之物，金属离子遇到柠檬酸、醋酸等酸性物质就会失去催化作用。因此，为了不影响抗氧化剂的使用效果，可以在饲料中适当地添加酸性物质。

5. 注意其他影响抗氧化剂作用效果的因素

抗氧化剂的使用量很少，必须保证抗氧化剂的粒度在一定范围内有较好的流动性，以保证抗氧化剂能均匀混合在饲料中，保证使用时的安全性和有效性。如果饲料经常受光受热或与氧气直接接触，抗氧化剂很难有较好的作用效果。使用抗氧化剂的饲料产品也应密封和在避光和干燥的环境中贮存，尽量减少与氧气的直接接触，以便更好地发挥抗氧化剂的作用。

二、防霉剂

（一）概述

防霉剂也称防腐剂，是一类具有抑制细菌、霉菌和酵母菌等微生物生长的有机酸化合物，是一种能抑制霉菌繁殖、消灭真菌、防止饲料发霉变质的饲料添加剂。防霉剂主要是通过破坏微生物的细胞壁和细胞膜，或破坏细胞内的代谢酶，对细菌、霉菌和酵母菌产生抑制作用。其作用效果与未解离的酸分子有关，大多在酸性环境中才具有作用，能降低饲料中微生物的数量，抑制毒素产生。

饲料原料在收获、加工等过程中容易有微生物入侵、繁殖，尤其是在高温、高湿和饲料含水量高的条件下，会使饲料发生霉变。霉菌的生长繁殖需要营养物质的支持，霉变的饲料内有大量的霉菌，霉菌为了生存下去自然而然就会利用饲料中的营养物质，那么留给动物的营养物质就会变少，从而使得饲料的利用效率降低，并且霉菌产生的毒素还会造成畜禽中毒，危及健康，严重者可导致动物死亡。因此，夏季生产的饲料或需要在夏季贮藏的饲料以及贮存时间较长的饲料，为了保证饲料的品质，防止饲料中霉菌生长，都需要在饲料中添加适量的饲料防霉剂。

饲料中存在霉菌和微生物生长的外表迹象有以下几方面：饲料结块、畜禽拒食、饲料有轻度异味、饲料和谷物发热以及饲料和谷物色泽变暗。

其中饲料结块是判断饲料霉变最简单、最实用的方法之一。

食用了霉变饲料的动物会出现很多不良反应，情况较轻者会出现厌食现象，情况严重的动物会中毒，甚至是死亡。不论出现哪种情况，都会给畜禽的饲养者造成不可避免的经济损失，或花钱治病，或畜禽死亡，此时只是损失大小的区别。因此，为了防止这种情况的发生，畜牧业和饲料行业需要对饲料霉变问题给予更多的关注，争取早日研制出安全有效的防霉剂。

近年来，饲料防霉剂的研究和应用趋势是一方面从单一型转向复合型，另一方面通过不断拓宽抑菌谱以提高防霉效果。单一型的防霉剂在早期研究和应用较多，饲料中常用的防霉剂有丙酸、丙酸钠、丙酸钙、山梨酸、山梨酸钠、苯甲酸钠、富马酸、富马酸二甲酯、脱氢乙酸、对羟基苯甲酸酯类、甲酸、甲酸钠、柠檬酸、柠檬酸钠、乳酸、乳酸钠、乳酸钙、乳酸亚铁等。复合型是由两种或两种以上的单一防霉剂加上其他成分混合均匀后得到的，其防霉效果往往很好。

（二）主要种类

1. 苯甲酸和苯甲酸钠

苯甲酸是白色结晶物，质量较轻，没有臭味，在酸性条件下易随水蒸发挥发，是一种稳定的化学物，但有吸湿性。微溶于水，易溶于乙醇。苯甲酸钠为白色颗粒，无臭味，易溶于水和乙醇，在空气中稳定。

苯甲酸能抑制微生物细胞的呼吸酶的活性，使呼吸酶的代谢受到阻碍，从而起到防酶作用。但苯甲酸和苯甲酸钠对产酸菌作用较差。

2. 丙酸和其盐类

丙酸为有机酸，无色，透明，具有强腐蚀性。丙酸盐类主要是指丙酸钙、丙酸钠和丙酸铵等。丙酸钠微溶于乙醇，易溶于水；丙酸钙不溶于乙醇及乙醚，易溶于水。

丙酸是酸性饲料防腐剂，也具有抗真菌作用，而且丙酸本身含有一些能量，可以被动物畜禽利用。丙酸是一种较有效和安全性高的防霉剂，也是饲料中最常用的防霉剂。丙酸在青贮饲料中使用也很普遍。丙酸铵的防腐效果与丙酸类似，除此之外，还具有丙酸不具有的优势，丙酸铵对容器没有腐蚀性，对人体没有刺激性。丙酸钙和丙酸钠都具有防腐作用，丙酸钠还具有抗真菌作用。

3. 富马酸及其酯类

富马酸，白色结晶，稳定，没有腐蚀性。富马酸的酯类中富马酸二甲酯具有较好的防霉效果。

富马酸对葡萄球菌、链球菌、大肠杆菌等有很强的灭活性，对乳酸菌无抑制作用。饲料中添加的富马酸是一种有湿润剂的混合物，对生物畜禽没有生理上的伤害，无残留无毒害，可改善饲料味道，提高饲料利用率。

富马酸二甲酯抗菌谱较广，防腐效果取决于其化学结构及化学性质等。富马酸二甲酯几乎不受 pH 的影响，在任何 pH 值下都可以保持较好的抗菌活性。该物易升华，形成富甲酸二甲酯气体，防霉效果更好。

4. 双乙酸钠

双乙酸钠可以改变饲料环境的 pH 值，从而抑制饲料霉菌和细菌在饲料中生长繁殖。

5. 复合型防霉剂

复合型防霉剂可保持甚至增加单一防腐剂原有的抑真菌功能，并降低或免除单一防腐剂的腐蚀性与刺激性。一般来说，复合型的制剂使用范围都会比单一制剂使用范围广，作用效果也会更好。复合型防霉剂同样如此。

(三) 主要作用

防霉剂的作用如下：

(1) 使霉菌内的酶失活，减少饲料营养物质的消耗。

(2) 阻止霉菌和细菌的生长繁殖。

(3) 延长饲料的贮存期。

(4) 阻止霉菌毒素的产生。

(四) 使用注意事项

使用饲料防霉剂必须注意以下几方面的问题：

(1) 防霉剂使用剂量要适中，不可过量使用。

(2) 防霉剂必须在饲料中均匀分散，才能抑制细菌和微生物的生长，否则不能达到预期的防霉效果。易溶于水的防霉剂可先将其溶于水，再喷到饲料中充分混合均匀；难溶于水的防霉剂，可先用乙醇等有机溶剂配成溶液，然后再加入饲料中充分混合均匀。

(3) 各种防霉剂都有各自的使用范围，在某些情况下，两种或两种以上防霉剂并用时，往往可以起到协同的效果，比单独使用其中某一种更有效。

(4) 防霉剂应选择抑菌谱广、效果好、经济实用的品种。

第六节　其他非营养性饲料添加剂

一、着色剂

（一）概述

动物的皮肤、羽毛、蛋黄及甲壳类着色是一个天然过程，主要是类胡萝卜素产生的。着色剂是指为增加动物产品的色泽，提高动物产品的外观而使用的一类非营养性饲料添加剂。动物体内不能合成色素，在正常情况下，蛋黄和鸡皮肤的黄色来自饲料中的类胡萝卜素。类胡萝卜素包括胡萝卜素、隐黄素、番茄素和叶黄素等，起着色作用的主要是叶黄素。由于饲料原料中类胡萝卜素含量不足，以及饲料加工过程中粉碎和高温的破坏，实际可被利用的叶黄素相当有限，因而使用配合饲料饲养的肉鸡皮肤和鸡蛋的蛋黄往往不够鲜艳，从而影响产品的外观和档次。随着养殖业和饲料业的发展，在饲料中应用着色剂而改变动物产品的外观色泽，提高动物产品的性能，使之更符合人们的需求，是饲料添加剂的一大发展方向。着色剂现在已在多种饲料品种中应用。

（二）分类

目前在饲料中使用的着色剂主要有两类，一类是天然色素，另一类是化学合成的色素。

1. 天然色素

从植物中直接提取的类胡萝卜素是天然色素。天然色素还包括从微生物中直接提取的类胡萝卜素。富含类胡萝卜素的植物有万寿菊、红辣椒、金盏菊、橘皮、苜蓿草、南瓜等，广泛使用的有万寿菊素衍生物和辣椒色素衍生物等。

2. 化学合成色素

化学合成色素主要是化学合成的类胡萝卜素。类胡萝卜素分为胡萝卜素和叶黄素，胡萝卜素在动物体多转化为维生素 A，通常不起着色作用，叶黄素是胡萝卜素的含氧衍生物，可以以醇、醛、酮和酸等形式存在。常见的叶黄素类化学物有叶黄素，也叫黄体素，对动物的皮肤和蛋黄的着色效果较好，玉米黄素着色效果也较好。其他的如隐黄素、柑橘黄素、虾黄素等着色效果较差。一般情况下，叶黄素对脂肪组织的着色效果较好，而玉米黄素对皮肤的着色效果较好。市场上常用的化学合成色素主要有加丽素红、加丽素黄、露康定、金闪闪、斑蝥素等。

（三）如何合理应用着色剂

1. 根据品种和生长阶段应用

着色剂一般用于肉鸡皮肤、脚胫着色，蛋鸡蛋黄着色以及一些鱼类着色，鸡饲料中应用最多，其他种类较少使用。应用着色剂还应根据动物品种和生长阶段等实际情况灵活应用。因为黄鸡着色效果比白羽肉鸡好，所以着色剂多用于黄鸡而不用于白色鸡；大龄鸡比幼龄鸡着色效果要好，因而着色剂多在中、大鸡阶段使用，而不在育雏阶段使用。着色剂在水产动物中应用以虾类、虹鳟鱼等较为常用。

2. 合理选用着色剂

色素的有效成分是类胡萝卜素，天然类胡萝卜素的存在形式是酯，类胡萝卜素只有在自由状态下才能被吸收，天然的类胡萝卜素通常不易被吸收，因此若使用天然类胡萝卜素着色效果不好，而且需要的量较大。化学合成的类胡萝卜素通常都是自由状态，且具有用量较少、使用方便、效果较好等优点，因此化学合成色素是较常用的着色剂。

3. 注意使用剂量和使用期限

把握着色剂的使用量非常重要。若着色剂使用不足，不能起到染色的作用；若使用过多，造成经济浪费不说，还会影响动物的健康，使肉品质降低。使用着色剂要考虑上市时间，不能过早也不能过晚，同时还要保证成本不会偏高。

4. 注意影响着色剂效果的因素

（1）饲料原料对着色剂效果的影响。有些饲料中含有过氧化酶，过氧化酶会影响着色剂的着色情况，要避免对含有过氧化酶的饲料进行染色。一般情况下，饲料中使用3%～4%的油脂对着色剂的稳定和吸收较为适宜，动物油脂比植物油脂效果好。

（2）其他饲料添加剂对着色剂效果的影响。类胡萝卜素容易被氧化，抗氧化剂和维生素E具有抗氧化作用，因此类胡萝卜素和抗氧化物质同时使用可以防止类胡萝卜素被氧化，保证类胡萝卜素的着色效果。使用类胡萝卜素时要避免使用过量的维生素A，因为维生素A可以降低类胡萝卜素的吸收利用率，导致着色效果不佳。因此在饲料中使用着色剂饲料添加剂，应尽可能降低维生素A的含量，以保证着色剂较好的作用效果。除此之外，还要避免与钙同时使用，因为它们会反应生成沉淀，影响着色效果。

（3）注意饲养环境和疾病对着色剂效果的影响

通常开放式、通风好、光照好的饲养环境使用着色剂效果好。一些疾病会损坏动物的消化道，使动物对类胡萝卜素的吸收效率降低，影响着色效果。

（4）注意其他因素对着色剂效果的影响

动物的生理状态和健康状况也影响着色剂的作用效果，高温高湿的季节也不利于着色剂的着色效果，饲料保存期过长以及饲料变质、腐败都可造成着色剂的着色效果下降，动物的采食量也直接影响着色剂的着色效果。

二、黏合剂

（一）概述

黏合剂又称颗粒黏合剂。在配合饲料中使用黏合剂，有助于提高饲料颗粒的牢固程度，减少制粒后和运输过程中的粉碎现象，并能提高生产能力，延长压模的寿命，是规模化和工厂化饲料生产经常使用的一种饲料添加剂。黏合剂能将多种营养成分黏合在一起，从而减少饲料的崩解，防止各种营养成分的散失；也提高了饲料原料的选择范围，可以应用一些较难压粒又有其他作用的原料；黏合剂提高了颗粒的牢固性，可以有效地防止饲料在水中散失，使饲料在水中的稳定时间大大提高，避免造成水质污染，同时提高饲料利用率，较适合在水产饲料中使用。

（二）主要种类

1. 褐藻酸钠

褐藻酸钠，因为其呈现胶体状，也可以称为褐藻胶，没有特殊气味、没有毒性，易溶于水。褐藻酸钠可以包裹细小的饲料颗粒，黏附在饲料的表面，增强饲料的稳定性。褐藻酸钠是一种较常用的饲料黏合剂，用量一般不低于0.15%。

2. 羧甲基纤维素钠

羧甲基纤维素钠溶于水之后会呈现出胶体状态，没有特殊味道。它水溶液的黏度大小会受到pH和聚合度的影响。羧甲基纤维素钠也常被用作黏合剂，一般用量在2%左右。用量过多可影响饲料的消化和吸收，因此必须控制用量。

3. 天然黏合剂

不是全部的黏合剂都是化学合成的，还有一些天然存在物质也具有黏合剂的作用。比如鱼浆、糊精、海带粉等，都有一定的黏合作用，可根据实际情况合理应用。

4. 复合黏合剂

复合黏合剂是指将两种或两种以上的化学合成高分子化合物复合而成的黏合剂。复合黏合剂使用方便、用量较少、效果明显，是较理想的一种黏合剂饲料添加剂，也是水产饲料最常用的黏合剂品种。

（三）如何合理应用黏合剂

1. 根据饲料品种适当应用

黏合剂是一种非营养性饲料添加剂，对动物既没有营养作用，也无促生长等作用效果。因此一般饲料品种可以通过调整配方，适当应用有黏合作用的饲料原料，便可以较好压粒，就不必使用黏合剂饲料添加剂，以免增加饲料成本。有的饲料品种黏质成分较少或添加了油脂，为保证制成有较好性能的颗粒，就必须使用黏合剂。多数水产饲料因为要有较好的耐水溶性和稳定性，也必须使用饲料黏合剂。

2. 正确选择黏合剂饲料添加剂

首先选用黏合剂的要求是无毒副作用，不会对动物健康造成影响；然后，所选的黏合剂不能破坏饲料的原有成分，不能影响饲料的营养作用；最后，选用的黏合剂要容易与饲料混合。由于单一成分的黏合剂较难满足要求，一般多选用复合型的黏合剂。

3. 注意饲料生产工艺对黏合剂作用效果的影响

饲料原料的细度越高，与黏合剂接触面越大，越易于被黏合。因此在使用黏合剂时最好提高饲料原料的粉碎粒度，特别是鱼虾的颗粒饲料，应进行微粉碎或二次粉碎，以保证黏合剂有较好的黏合效果；饲料加工过程的混合时间和混合温度也对黏合剂的黏合能力影响较大。混合和制粒温度越高，完成黏合反应的时间越短；混合和制粒的温度越低，则完成黏合反应的时间越长。如果混合温度不够高，调制时间又短，即使增加黏合剂的用量也不能达到较好的黏合效果。因此应根据黏合剂的类型，调整压粒过程的混合时间和混合温度，以最大限度地提高黏合剂的效果。

第四章　常用饲料添加剂无公害使用技术

本章主要从饲料药物使用以及常见饲料添加剂两方面来介绍饲料添加剂使用技术。

第一节　国内外饲料药物使用现状及发展趋势

一、国内外饲料药物的合理使用

饲料药物应用的总原则是：充分发挥药物的有益作用，避免其有害作用，消除影响药物作用的不良因素，保障动物高产、优质、高效生产。饲料药物的使用，要达到有效、安全、经济、方便的目的。

二、国内外饲料药物的不合理使用现状

饲料药物具有多方面的作用，是养殖业不可或缺、不容替代的重要基础物质。然而，这类物质大量地、甚至是不合理地使用（即滥用）也引发了许多问题。这些问题是不良反应、药源性疾病、病原耐药性、残留和环境污染等。

（一）不良反应与药源性疾病

不良反应或称毒副作用，是药物引发的与用药目的无关的反应，包括毒性作用和副作用。毒性作用是用药剂量过大或时间过长所致，而副作用则是由药物具有的与用药目的无关的其他作用所致。不良反应也可是药物的治疗作用引起的继发性反应。如动物的消化道内有许多微生物寄生，微生物群落之间保持着平衡的共生关系。长期应用土霉素、金霉素等广谱抗生素时，对药物敏感的菌株受到抑制，群落之间相对平衡的状态被破坏，而对药物不敏感的微生物如真菌、大肠杆菌、葡萄球菌、沙门氏菌等大量繁殖，造成腹泻甚至全身感染。此种继发性感染又称二重感染。许多饲料药物应用过量，就引起动物出现中毒反应。例如，卡巴氧和喹乙醇的用量过大，猪出现采食量下降、饮尿、流涎、粪干、脱水、肌肉震颤，运动失调和瘫痪等症状；血中醛固酮的浓度显著降低，钠离子浓度下降而钾离子

浓度上升；肾上腺、骨骼肌、心肌发生萎缩性变化。猪摄入含离子载体类抗生素（抗球虫药）后，出现呕吐、绝食、运动失调、痉挛、尿带血色，有时粪色黑或血粪或腹泻；血中肌酸酐酶的活性显著升高；心外膜下层和心肌细胞出血，肌肉透明状退化和坏死，肝和肾的细胞萎缩。

营养性饲料药物过量也能引起毒副作用。脂溶性维生素过量和较长期使用，会引起蓄积性中毒。水溶性维生素长期过量使用，也会引起中毒反应。维生素 B_1（硫胺素）过量会产生昏睡、轻度共济失调、虚弱、颤抖、神经肌肉麻痹等神经症状，还引起脉搏加快、心律不齐、血管扩张、水肿等。烟酸摄入过量，可致呕吐、厌食、腹泻、心动过速、尿酸代谢异常等症。叶酸过量可致肾肿大、肾小管上皮增生等。维生素 C 过量的副作用是恶心、腹泻、胃肠胀气。长期大量摄入维生素 C，可降低小肠对铜的吸收和血中含铜蛋白的浓度，引起铜的负平衡；降低维生素 B_{12}和 β-胡萝卜素的吸收和利用；导致怀孕期缩短并产生死胎；导致条件性坏血病等。

微量元素超量往往引起严重的毒副作用。动物摄入过量的铜时，胆汁排泄铜的功能紊乱。铜沉积在肝内，引起肝细胞损害，出现黄疸和血浆铜蓝蛋白含量低下等症。铜沉积在近曲小管，出现氨基酸尿、蛋白尿、磷酸盐及尿酸尿。猪铜中毒，表现为食欲减退、渴感增加、喜卧、血红蛋白含量下降、消瘦、腹泻，有时出现呕吐、黄疸甚至死亡。奶牛铜中毒，表现为产奶量下降、卧地不起、棕色尿、黄疸、贫血。绵羊慢性铜中毒，表现为突然发病、呼吸加快、衰弱、极度口渴，尿呈深棕色，皮肤及黏膜呈橘黄色，因肾区疼痛而出现拱背现象。锌、锰、铁、硒、钴、碘元素都能引起动物中毒反应。

由于药物的应用有时会致机体发生某种病理性变化并在临床上表现出症状，人们通常把这类由药物引起的疾病称为药源性疾病。药源性疾病与传染病不同，传染病是由微生物感染所致。药源性疾病与药物急性中毒有相似之处，但后者是由用药剂量过大造成，发病时间较短。药源性疾病是由药物使用不合理，如滥用、选药不当和误用等造成。

（二）耐药性

1. 耐药性及其危害

耐药性又称抗药性，一般是指病原体（细菌、病毒、寄生虫等）对化疗药物（即抗菌药、抗病毒药、抗寄生虫药等）反应性降低的一种状态。耐药性是因长期应用某种（或某类）单一化疗药物、用药剂量不足或应用的药物不当时，病原体通过生成药物失活酶、改变细胞膜通透性阻止药物进入、改变靶结构或原有代谢过程而产生的。

病原体产生耐药性后，对药物的敏感性降低甚至消失，致使药物对它的疗效下降或无效，人们错失控制疾病的时机。某种病原体对一种药物产生耐药性后，还可能对同一类的其他药物也有耐药性，这种现象称为交叉耐药性。例如，巴氏杆菌对磺胺嘧啶产生耐药性后，对其他磺胺药也产生耐药性。交叉耐药性有单交叉（或称半交叉）和双交叉（或完全交叉）之分。单交叉耐药是病原体对甲药产生耐药性后，对乙药也耐药；但对乙药产生耐药后，对甲药仍敏感。双交叉耐药是指病原体对甲药产生耐药性后，对乙药也耐药；对乙药产生耐药后，对甲药也耐药。有些病原体产生耐药性后，可通过多种方式将耐药性垂直传递给子代，或水平转移给其他非耐药的病原体，造成耐药性在环境中广为传播、扩散，使人们应用药物防治其他病原体所致的疾病变得十分困难。这是近年来耐药病原体逐渐增加和化疗药物的抗病效果越来越差的重要原因。人们更为担心的是，动物的耐药菌将耐药性转移给人的病原体，会使人类的疾病失去药物控制。

2. 耐药性的转移

耐药性有两种，即天然耐药性和获得耐药性。天然耐药性是病原体在经物理因素（X 射线、紫外射线等）、化学因素（如氮芥、环氧化物等）等诱发，或自身遗传物质 DNA 自发突变而产生的。天然耐药性多由突变形成，故又称为突变的耐药性或染色体介导的耐药性。在自然界中，因染色体突变对一种药物产生耐药性的概率极低，通常为十万至十亿分之一。因此，突变对两种或三种药物同时产生耐药性的概率更低。突变产生的耐药性，一般只对一种或两种相似的药物耐药，且比较稳定。它的产生和消失与是否接触过药物无关。虽然染色体介导的耐药菌在自然界中并不少见，但由于突变耐药菌的生长和细胞分裂变慢，同其他细菌的竞争力变弱，它们在自然界的耐药菌中居次要地位。突变耐药性主要通过染色体垂直转移给子代。

获得耐药性是病原体与药物接触后所产生，通过质粒携带和传播，又称为质粒介导的耐药性。耐药质粒广泛存在于革兰氏阳性菌和阴性菌，几乎所有致病菌均具有耐药质粒。通过耐药质粒传递而产生的耐药现象，是自然界发生耐药现象最为重要、最多见的方式。

3. 饲料药物的耐药性

在集约化养殖生产上，部分饲料添加（或混饮）的抗菌药物和抗寄生虫药物是为了治疗和控制动物疾病，用药剂量往往较大，用药时间往往不长，疾病得到控制即停药。然而，养殖生产上应用的大多数饲料药物，通常是防止疾病或提高动物生产性能之用，用药剂量往往低于治疗疾病的剂量，称为亚治疗剂量。用药时间较长，有的甚至是对动物终生应用，如肉鸡抗球虫药。从理论上分析，亚治疗剂量化疗药物容易诱导病原体的耐药性，影响药物的治疗效果；耐药性甚至可向人转移，影响人类疾病的控制。抗生素在动物性食品中残留，也将对人体产生严重危害。

4. 耐药性的控制措施

（1）加强药政管理。应制定有关法规，严格将治疗用抗菌药与添加用抗菌药分开，严格将人用治疗抗菌药与兽用治疗用抗菌药分开。限制长期添加使用的抗菌药品种，禁止抗生素菌丝体用于食品动物。规定抗菌药物的使用必须凭处方供应，应由受过专门训练的兽医师开出处方，方可配给抗菌药。严格新抗菌药物的审批标准，加强抗菌药的质量监督。建立专门的耐药性实验监测中心和网点。对食品动物及其他动物的细菌耐药性进行检测、预报和调查研究。要与国际国内卫生部门的耐药性工作接轨，借鉴先进经验，引进相关技术。要定期开展技术培训、知识推广普及工作，使所有用药的人都明白耐药性的危害和防范措施。

（2）寻找和开发新药。根据细菌耐药性的发生机制及其与抗菌药物结构的关系，寻找并开发具有抗菌活性，尤其是对耐药菌有活性的新抗菌药。对那些主要因细菌灭活酶而失效的抗菌药物，可寻找适当的酶抑制剂。质粒消除剂或防止耐药质粒结合转移的药物，也是目前研制开发的热点之一。

（三）残留

在动物的饲料中使用饲料添加剂和兽药等化学物质，这些物质用后若在食品中有极微量（或称痕量）可被检出，就称为残留。在学术上，残留是指用药后，药物的原形或其代谢产物在动物的细胞、组织、器官或可食性产品（如奶、蛋）中的蓄积、沉积或贮存。

1. 残留的危害

人们对食品中有害物质残留的关注，有经济或公共卫生两方面的原因。例如，牛奶污染了抗生素，奶产品如奶酪、黄油、酸奶等的发酵培养受到影响，给厂家造成经济损失。青霉素对敏感人体引发过敏反应。氯霉素可引发致死性血液失调症，FDA已禁止其在食品动物上使用。FDA也禁止硝基呋喃类在食品动物上使用。除了治疗药物外，大多数局部用杀虫药，经皮肤有一定程度的吸收，而在组织中发生残留。饲料药物残留的危害主要表现在：

（1）过敏反应。残留引发的变态反应，轻者表现为皮疹和水肿，重者则为致死性反应。能引起变态或过敏反应的饲用药物为数不多，主要是青霉素类、四环素类、磺胺类和一些氨基苷类药物。这些药物进入体内后，与体内的大分子物质结合而具抗原性，刺激机体产生抗体。青霉素类引起变态反应的潜在危险最大，因为该类药物具有很强的变应原性，并且被广泛地应用于人和动物。

（2）耐药性。细菌耐药性是指有些细菌菌株对通常能抑制其生长繁殖的一定浓度的抗菌药物产生的不敏感性或耐受性。药物添加于饲料和饮水饲喂动物，是一种开放的用药方式，提供了细菌产生耐药性的条件。研究表明，随着抗菌药物的广泛应用，环境中耐药菌株的数量在不断增加。动物反复接触某种抗菌药物，体内的敏感菌株受到选择性抑制，而耐药菌株得以大量繁殖。动物体内的耐药菌株可通过动物性食品传播给人，从而给人的感染性疾病的治疗带来困难。

（3）致畸性。所有的苯并咪唑类药物在进入动物机体后，只有一小部分以不可提取的形式与组织结合。大多数苯并咪唑类药物经代谢后，具活性的亲电子代谢物均能与肝组织结合。苯并咪唑氨基甲酸酯化合物以及类似物，如丁苯咪唑、康苯咪唑、苯硫氧苯咪唑、丙硫苯咪唑等对实验动物和食品动物均有致畸作用，相当低的剂量即可诱发畸胎形成。雌性动物妊娠的特定时期对致畸物较敏感。只有在胚胎发育的特定时期内，药物的致畸作用才与剂量相关。

2. 残留防范措施

在欧美国家，药品（含兽药）、食品添加剂（含饲料添加剂）、农药以及各种工业或生活用化学药品，正式投产前均需进行毒性试验或安全性评价，证明其确实安全、有效后才获准使用。

（四）环境污染

环境污染不仅影响人类生存环境的质量，而且还对动物的健康和生产产生许多有害的后果和负面影响。动物在环境污染中占据一个比较复杂的位置。虽然环境污染主要源于人的活动，但动物也是一个污染源，动物废弃物中所含的生长促进剂、抗生素、抗寄生虫药、激素以及病菌等，是农业污染的重要组成部分。中毒动物的临床症状和毒理学分析数据，是监测环境中有毒污染物是否发散的有用指针。有些动物被喂养供人类食用，其可食性组织中可被污染物污染，这些动物通过食物链方式又成为污染的传播者。

三、饲料药物开发及其发展趋势

（一）开发程序

新药从发现到上市是一个复杂的过程。研制开发需要较长时间。研制开发一个新疫苗需很长时间，而一个新的化学药从发现到获得批准需要更长的时间。开发经费用也十分昂贵。1995 年，世界上每个新药研究开发的总费用平均为 4 亿美元。药物的研制开发包括以下基本过程。

1. 药物发现

新药发现的途径，有经验积累（如神农尝百草）、偶然机遇（青霉素的发现）、药物普筛（606 的合成）、综合筛选、天然产物提取（常山酮的发现）、定向合成（喹诺酮类系列产品的发现）、代谢研究（左旋咪唑的面世）、作用机理研究、利用毒副作用（同化激素的出现）和老药新用等。

2. 初步试验

科学家一旦发现一个有可能用于动物的化合物，就要进行一系列的初步测试。初试通常是在试管内用简单的生物体如细菌、酵母或模型进行。生物技术和计算机模拟等新手段，也可用于确定化合物在生命系统内的行为。

3. 临床前实验

在动物体上进行，以评估合适的剂量和各种可能的副作用。经过实验，若研发单位认为此化合物具有应用前景，应通知药政部门，以求批准作新兽药或新饲料添加剂研究开发。

4. 临床实验

临床实验旨在确定产品的安全性和有效性。所有必要的实验都得进行，并要接受主管部门的检查和监督。用于食品动物的药物，不得在肉、乳、蛋中发生残留，必须确定药物在可食性产品中的消除时间。若药物是用于妊娠动物，或在组织中残留的时间较长，就要开展繁殖研究以确定其对胚胎的毒性和是否引起生殖问题。还要进行田间实验，以证明药品在国内不同地区自然生产条件下的有效性和安全性。此外，厂家还必须证明，自己能连续生产出合格的产品。

5. 审评和批准

临床实验完成后，所有的实验都要接受主管部门的审评。如产品是安全有效的，政府就批准厂家制造和销售此产品。产品获得批准时，其标签也被记录在案。标签是一种法律文件，没有政府的批准不得随便改动。动物产品生产者必须依法按照标签的说明使用该产品。

6. 监测

政府将随机监测食品中超标的药物残留。厂家还必须监测药物的不良反应发生情况和抗菌药物的耐药性。

（二）发现与筛选

发现新药的途径有许多种，但主要是应用和筛选这两种途径。在应用中发现新药的方式不少，经验积累、偶然机遇、利用毒副作用和老药新用等属此。筛选是现代发现新药的主要途径，普筛、综合筛选、天然产物提取、定向合成，以及通过代谢和作用机理研究发现新药，都属筛选范畴。

筛选是发现创新药物不可缺少的手段和方式。当代创新药物研究的竞争十分激烈，其焦点就在于新药筛选；核心问题是低耗、高效地筛出新药，缩短新药发现的时间。传统的筛选方法是普筛，即在特定的模型上从事药物筛选。这是半个多世纪以来世界各国普遍采用的行之有效的寻找新药的方法。此方法的主要优点是目标清楚、方法简捷、指标明确、标准统一，能在短时期内集中成千上万个化合物进行试验比较，从中较快地发现有苗头的新药。但这方法也有较大局限性。

经过各国广泛过筛，现今筛出阳性化合物的机遇越来越少，阳性过筛率只有万分之一，即要筛选上万个化合物才能发现一个值得推荐为临床试验的新化合物，而这个化合物经过临床评选后能批准上市的可能性不到10%。近年许多国家建立的是简便快速的综合性评价方法，称为综合筛选法。此法是一药多筛，即对一个化合物同时用多种模型进行筛选，以避免仅靠单项指标而漏掉有其他药理活性的化合物。20 世纪 90 年代以来，随着组合化学高效合成和各种过筛手段的进步，综合筛选获得前所未有的发展。

药物筛选基本方式如下。

1. 随机筛选

随机筛选是用一个或多个生物试验手段评筛化合物或生物资源。在历史上曾发挥过重要作用，20 世纪 50 ～ 60 年代较普遍。随机筛选发现新药的概率低；常采用整体动物试验方法，不仅速度慢、所获信息少、耗资大，而且不能有效地利用化合物资源，曾一度受到冷落。随着筛选技术的进步和自动化技术的应用，特别是组合化学的出现，随机筛选方法又逐渐兴起，甚至出现了专门的公司。例如，有的公司用细胞、纯化酶、受体或离子通道建立筛选方法，从微生物的发酵液和其他自然产物中筛选导向化合物。

2. 组合化学与筛选

组合化学是以构件单元的组合和连接为特征，平行、系统、反复地合成大量化学实体，形成组合化学库的合成技术。这一技术最早始于 20 世纪 60 年代的肽固相合成技术，现已可用液相合成技术形成组合库。组合库的内容不仅有肽、寡糖等大分子库，也有小分子有机物组合库。组合化学技术的出现，对药物筛选提出了更高要求，使药物筛选出现了新的方法。

(1) 群集筛选。又称库筛选。它是将生物体（如受体）放入合成单元内进行筛选的方法。根据合成形式的不同，大致又分固相筛选、液相筛选和混合筛选三种方式。固相筛选是对连接在固相载体上的化合物直接筛选。液相筛选是直接筛选液相中的化合物，或将化合物从载体上解离下来在溶液中筛选。混合筛选是先对固相合成的化合物进行初筛，选出阳性反应者，将其从载体上解离下来，再到液相筛选。筛选形式影响筛选的结果。此外，库中的其他化合物会干扰主组分与生物系统的反应，需要建立灵敏度较高的体外筛选指标和方法。

(2) 实时筛选。为直接、即刻的功能筛选。功能筛选是相对于受体竞争结合筛选而言。这种筛选的成功例子是细胞传感仪。其原理是当药物作用于细胞表面的接受体（受体、离子通道等）或接受体后过程的相关物质(信使、酶等)，会触发一系列的级联反应，导致细胞能量和物质代谢的改变，使细胞外的酸度发生瞬间或持久的改变。将细胞置于低缓冲环境中，一种特殊而敏感的硅感受器便会及时记录下这种改变。与传统的功能筛选法相比，该系统最重要的优势之一是可以实时、快速、连续地测定功能的改变，获得量—效曲线。该系统可选用原代培养细胞、转染色体细胞或具有天然受体的细胞系，根据不同的筛选目标和目的而定。

(3) 高通量筛选。指同时采用多个生物体系对多个目标化合物进行筛选。高通量筛选涉及三个基本技术：自动化技术；信息、数据读取处理(计算)、储存、显示等计算机软件技术；生物评价法微量化、敏感化并转换成可用多孔板、多通道法测定的技术。现有组建型高通量筛选仪的生物评价体系，可测定放射性活性、颜色、发光和荧光。测定的指标包括受体与配体的结合能力和细胞的功能状态，如细胞内钙浓度、细胞内 pH、膜电位、膜的离子流动等。新药筛选的模型有体外、体内模型和两者合并使用。如有合适的动物模型，体内筛选是必不可少的。近年来，因动物保护主义的压力，以及时间和经济上的考虑，实验动物有严格控制和逐步减少的趋势，许多体外快速筛选法不断出现。

体外模型试验有许多种，如体外受体结合试验、非细胞系统、细胞培养、组织培养、体外器官灌注等。优点是这些系统花费少，时间短，重复性好。缺点是不能肯定由这些系统获得的结果是否与体内的药效一致，体外给药方式不适于生产实践，许多疾病没有体外系统可用。体内动物模型，优点是可探寻治疗特定疾病的机制并可同时研究药代动力学、药效动力学和毒理学；缺点是成本高、时间长、重复性不够好，最大的缺点是不能肯定实验动物的疾病模型与靶动物疾病是否一致。

（三）饲料药物研究趋势

药学研究是从药学和化学方面对新药进行研究，确保药品的同一性、含量、纯度和质量。原料药及其制剂，是整个药物研制开发的基础，质量好坏，直接影响研制开发结果的真实性和可靠性。药物的纯度不够，影响药效；有害杂质存在，会使毒性增加；剂型选择不当，药效不能充分发挥。这些都对决定新药的取舍至关重要，与今后药品应用的有效性和安全性也密切相关。因此，在对新药进行生物学研究的同时，必须开展药学研究。有些方面的研究工作还需在生物学研究之前进行，使药品达到标准化、规格化。

（四）药学研究的内容

药学研究贯穿于新药研究的全过程，必须适应新药研究的各个阶段，合理安排，穿插进行，由浅入深，不断完善。

1. 新药发现阶段

根据药物的作用机理和构效关系的理论等，合理设计并合成大量的受试化合物；或根据传统医药学的经验，合理选择天然物质，从中分离出活性成分。经过药理筛选，找出新药苗头。通过广筛或其他途径也可能发现新药苗头。

2. 初试阶段

评选药物苗头是新药研究的开始，是十分重要的一步。判断初评入选的化合物是否真正具有新药苗头需做大量的工作，包括：①确定入选化合物是否为同系物中的最佳者。通过对已经合成筛选的同类化合物（包括文献资料）的构效关系分析，优选确定。②确定药物在生产实践中应用的形式。比较入选化合物的游离碱、各种盐类和可能的前体药物等的理化性质，判断哪种形式具有比较理想的实际利用价值。游离碱与盐类的物理性质差异悬殊，各种盐类的溶解性、吸湿性、稳定性、臭、味等性质的差别也很大。前体药对克服新药的某些缺点有独到之处。用药形式不当，给今后药物的生产和使用会带来很大麻烦。③进一步考察入选化合物的理化性质是否适于药用。④调研入选化合物大规模生产的可能性、难易程度、原材料来源和价格等。⑤探索应用的可能剂型。

在上述工作基础上，结合入选化合物的药效、毒性和其他生物学特性，全面衡量，综合判断，避免片面强调某一方面的优缺点。药物苗头选择是否恰当，常是新药研制成败的关键之一。

3. 临床前研究阶段

药学研究的主要工作在这一阶段进行，是在实验室内全面开展原料药的研究工作。

第二节　常用饲料添加剂无公害使用技术

一、维生素添加剂无公害使用技术

维生素一般按其溶解性能分为脂溶性和水溶性两大类。一类是脂溶性维生素，如维生素 A、维生素 D、维生素 E 和维生素 K；另一类是水溶性维生素，如硫胺素、核黄素、泛酸、胆碱、烟酸、维生素氏、维生素 B_{12}、叶酸、生物素和抗坏血酸等。此外，还有一些对动物机体的代谢起着一定作用的维生素的类似物质，如对氨基苯甲酸、甜菜碱、肌醇、维生素 F（必需脂肪酸）、维生素 P（芦丁）、乳清酸、维生素 B_{15}、维生素 B_T、维生素 T 和维生素 U 等。前 9 种水溶性维生素统称为 B 族维生素。

（一）畜禽维生素需要量

1. 最低需要量

维生素最低需要量，指为了预防或纠正维生素缺乏症每日必须供给动物一定量的维生素。

2. 适宜需要量

所谓维生素适宜需要量是指那些能够获得生长率高、饲料利用最充分、动物状况最好，并且在动物体内有适量贮备所需要的维生素量。这一需要量比最低需要量往往要高得多。

3. 影响维生素需要量和利用的因素

（1）动物本身：动物的维生素需要量很大程度上取决于其品种、生理状况、年龄、健康、营养和生产目的。

（2）颉颃物：维生素颉颃物会干扰维生素的活性，如硫胺素酶、抗生物素蛋白、双香豆素等，它们或切断维生素代谢分子，或与代谢物结合，从而使维生素失去作用。

（3）抗菌药物：饲料中添加的一些抗菌药物会抑制肠道微生物合成维生素，使动物对维生素的需要量增加，如磺胺药可抑制肠道微生物合成生物素、叶酸、维生素 K 等。

（4）体内贮存：体内维生素的贮存也会影响动物对维生素需要量。如脂溶性维生素 A、β-胡萝卜素等可在肝脏和脂肪组织中贮存，以满足 6 个月或更长时间的需要量。

（二）维生素添加剂预混料无公害配制技术

1. 维生素原料的制剂特点

由于大多数维生素都有不稳定、易氧化或被其他物质破坏失效的特点和生产工艺上的要求，几乎所有的维生素添加剂都经过特殊加工处理和包装。例如，制成稳定的化合物或利用稳定物质包被等。为了满足不同使用的要求，在剂型上有粉剂、油剂、水溶性制剂等。此外，商品维生素添加剂还有各种规格含量的产品，可归纳为三类：

（1）纯制剂：纯制剂B族维生素制剂。

（2）经包被处理的制剂：经包被处理的制剂又称稳定型制剂。

（3）稀释制剂：利用脱脂米糠等载体或稀释剂制成的各种浓度的维生素制剂。

2. 配制维生素添加剂预混料应注意的事项

（1）原料的鉴别。

名称：每一种维生素都不是单一的化合物，而是一组化合物，原料中可能含有其中的一种。原料名称可能用化学名称、商品名，也可能是俗称，必须认真辨别。

单位：原料所用单位可能是国际单位、药典单位或重量单位。所以必须注意其效价问题。

质量：应根据国家或企业标准对原料质量进行检测，以防假冒伪劣。

（2）原料的选择。

①选择生物学价值高、畜禽利用率高的维生素添加剂。但应注意对于那些生物学效价和利用率高的维生素添加剂，若毒性大时应慎重选用和限量使用。

②根据气候和环境等条件对维生素添加剂的影响选择适宜的维生素添加剂。

③注意配伍禁忌：如烟酸和维生素C都是酸性强的酸性添加剂，易使泛酸钙脱氨失活，使用时应注意。

④维生素添加剂的粒度：维生素添加剂及其活性成分应粉碎到一定粒度后才能使用。根据国外经验，维生素应具有较低的比重，粒度在100～1000微米之间。

（3）原料的“保险系数”：由于多种维生素在加工和贮存过程中要损失掉一部分维生素，故为保证各种维生素含量能达到标签上的保证值，生产厂家在配方上往往要有一定的增量，即通常所说“保险系数”。一般保险系数的变动范围为10%～30%，或更大一些。

（4）载体、稀释剂和吸附剂。载体种类：通常选用含粗纤维少的淀粉、现糖等。容量：注意选择那些与维生素添加剂容重相接近的载体和稀释剂，以保证维生素成分在混合过程中均匀分布，不出现分层现象。黏着性：要选用黏着性好的载体，以确保承载并黏牢维生素添加剂的活性部分。

粒度：一般载体的粒度为80～30目，稀释剂的粒度为200～300目(0.074～0.59 mm)。

含水量：载体和稀释剂的含水量要求越低越好，一般不超过10%，以保证有良好的流动性。

pH：应选择酸碱度近中性、化学特性稳定的载体或稀释剂。

静电吸附性：选择适宜的载体或稀释剂以克服某些维生素添加剂的静电吸附性，使有效成分均匀分布于预混料中。

添加量：载体或稀释剂的加入量要根据预混料在全价料中的比例以及维生素添加剂活性成分的含量来定。

（5）配制原则。

基本原则：以各国饲养标准为基础，它是标准状况下的最低需要量。添加量约等于标准需要量与原料中维生素含量之差。

影响因素：考虑到影响维生素发挥作用的各方面因素，添加量随之上下浮动。

成本因素：不但看到添加维生素所增加的生产效果，还要考虑成本因素，以达到最大经济效益。

科学分析：有些公司出于商业利益，过分夸大了维生素的作用，提高了维生素的使用量。对此应理智看待，科学分析，认清哪些是科技信息，哪些是商业炒作。

安全因素：不能片面强调经济效益，还应注意超量使用对动物及环境的影响，尤其是预防中毒症的发生。

3. 维生素预混料配制步骤

（1）根据市场和生产需要确定多维预混料配方中维生素的种类。

（2）根据使用对象，包括动物品种、生理阶段、使用目的等，查阅相应的饲养标准后再确定各种维生素添加剂的需要量。

（3）查阅饲料成分表，计算基础日粮中各种原料的维生素含量。

（4）计算出维生素的添加量。即根据饲养标准并综合影响因素后确定的需要量。

（5）采用适宜的维生素原料。

（6）添加量与原料换算。将维生素添加量折算成市售各种维生素商品添加剂原料重。

（7）选择适宜的载体种类，确定载体用量。

（8）配方复核。

（9）配方注释。对配方的使用范围、功能作用、用法用量进行较为详细的注释，作为产品标签的参考。

4. 维生素预混料组成

各种维生素添加剂 136.25 g

载体 4863.75 g

合计 5000.00 g

总之，维生素需要量甚微，但作用很大，且其功效是多方面的，必须严格控制其使用品种和使用剂量，做到既能满足动物生理、生长及生产需要，又不致造成浪费或发生中毒症，达到科学、高效、无公害使用维生素的目的。

二、抗生素添加剂无公害使用技术

（一）抗生素的促生长作用机理

关于抗生素的促生长作用机理研究报道很多，大致归纳如下：

（1）具有增进食欲、增加采食量的作用。同时刺激动物的脑下垂体分泌激素，促进机体生长发育，从而提高增重速率。

（2）提高动物的抗应激能力，促使动物的生理机能保持正常。

（3）延长食糜在消化道内的滞留时间，有利于动物对饲料进行更精细消化和使更多营养成分被动物吸收利用。

（4）发酵液干燥物中还含有多种未知促生长因子，从而加速了动物生长。因此，抗生素发酵液干燥物对动物促生长效果要比提纯的抗生素要好。

（5）减少肠道微生物产生的毒素或抗代谢物质。

（6）降低机体免疫反应水平，使机体的营养代谢向有利于生长的方向发展。

（二）抗生素添加剂无公害使用技术

针对抗生素添加剂使用中存在的安全隐患，应采取以下措施以确保抗生素添加剂的高效、无公害使用。

1. 按规定选用无公害抗生素品种

美国、欧洲共同体等均以法规形式严格规定用于饲料的抗生素品种及用法、用量和停药期。我国农业部也于 1989 年首次规定了可用于饲料的添加剂品种，并于 1997 年进行了修改。应根据规定杜绝违禁抗生素品种的使用。

2. 严格控制使用期和停药期

鸡（产蛋鸡）：幼雏用（0 ～ 4 周）；中雏用（4 ～ 10 周，肉种鸡 4 ～ 8 周）；大雏期（10 周龄后）一般禁用。产蛋期禁用。

肉仔鸡：前期用（0 ～ 4 周）；后期用（4 周以后）；但在屠宰前 7 天停用。有的添加剂在 4 周龄以后禁用。

猪：哺乳期用（2 月龄以内）；仔猪期用（2 ～ 4 月龄），但有些添加剂在此期禁用。一般在 5 月龄至育肥期不添加。

3. 进行短期治疗

对某些人、畜共用的抗生素，只限于作短期治疗用，而不作长期预防用药物。

4. 研制畜禽饲料专用抗生素

使畜禽专用抗生素与人用的抗生素分开。

（五）国家允许使用的抗生素添加剂种类

抗生素添加剂按化学结构一般分为六类：多肽类、大环内酯类、含磷多糖类、四环素类、氨基糖苷类和聚醚类。下面仅对国家允许用作饲料添加剂的抗生素品种进行简单介绍。

1. 多肽类

属于此类的抗生素有杆菌肽（锌）、硫酸黏杆菌素、恩拉霉素、维吉尼亚霉素等。从抗菌范围看，除硫酸黏杆菌素仅对革兰氏阴性菌有作用外，其他多肽类抗生素则都只对革兰氏阳性菌有作用。此类抗生素的特点是经口服投药后，往往吸收很差，除硫酸黏杆菌素，其他都排泄迅速，不在体内残留，毒性小、安全可靠、不易出现抗药性、抗药性不易通过转移因子传递给人。在正常情况下不必考虑在畜禽产品中的残留问题，这一优点扩大了它们的使用面，是一类非常理想的饲料添加剂。下面对此类抗生素中的杆菌肽和硫酸黏菌素做简单介绍。

（1）杆菌肽（锌）：杆菌肽（bacitracin）又名枯草菌肽、枯草菌素、崔西杆菌素。杆菌肽对多数革兰氏阳性菌有明显杀菌作用，对部分阴性菌、螺旋体和放线菌也有效。本品很少有耐药菌，且与其他抗生素无交叉耐药性，抗菌作用不受脓血、坏死组织或组织渗透液的影响。使用时常与青霉素、金霉素、土霉素、链霉素或新霉素联用。饲料中添加可明显促进增重和提高饲料效率。杆菌肽常与金属离子生成干燥状态下较稳定的络合物，其中杆菌肽锌是应用最广的抗生素类饲料添加剂。具有高效、低毒、残留量少等优点，口服后难吸收，90%的杆菌肽锌由粪便中排出，少量由尿排出，主要作用于胃肠道。

我国农业部规定杆菌肽锌用量：鸡饲料（按每1000 kg计）添加4～20 g（16周龄以内）；猪饲料4～40 g（4个月龄以内）；牛饲料10～100 g（3个月龄以内）、4～40 g（3～6月龄）。均无停药期要求。杆菌肽锌可与革兰氏阴性菌药物配伍，如硫酸多黏菌素，两者协同作用具有增强的杀菌效果，同时也拓宽了抗菌谱。大量使用杆菌肽锌后，经肾排泄，可引起肾脏严重损害，一般用于内服及局部感染，不做全身应用。

（2）硫酸黏杆菌素：硫酸黏杆菌素（CoistmSulfate），又名硫酸抗敌素、硫酸黏菌素、硫酸多黏菌素。本品为窄谱杀菌剂，具有抗菌、促生长、改善饲料效率的作用，在动物体内不会产生耐药菌株，与其他抗生素（除多粒菌素类外）不产生交叉耐药，但和本类抗生素之间还有交叉耐药性。硫酸黏杆菌素药效较好，对大多数革兰氏阴性菌有强大的抗菌作用，对革兰氏阴性菌的活性比阳性菌高10～100倍，可防治仔猪、犊牛细菌性痢疾和其他肠道疾病。

本品是高效、安全且残留少的抗生素，农业部规定用量（按每1000 kg饲料计）：对鸡2～20 g（10周龄内）；猪2～40 g（2个月龄内）、2～20 g（2～4个月龄内）；牛20 g（3个月龄内），宰前7天停药。产蛋鸡禁用。它与杆菌肽锌有较好的协同作用，硫酸黏杆菌素与杆菌肽锌的比例1∶5组成为“万能肥素”复合制剂，对鸡、猪和牛的用量与以上相同。

对鸡、猪的饲喂实验表明硫酸黏杆菌素残留量很小。本品口服后60%～80%从粪便中排出，其他从尿中排出，脏器中分布极少。但有易产生肾中毒的缺点，因此希望降低用量。

2. 大环内酯类抗生素添加剂

大环内酯类抗生素是利用放线杆菌或小单孢菌（Mictomonospara）生产的具有大环内酯环的抗生素的总称。其化学构成是由两个糖类与一个巨大内酯结合而成。此类抗生素对革兰氏阳性菌和支原体有较强的抑制能力。支原体在畜禽中是感染面较广的多发病。因此，这类抗生素在饲料添加剂中的消费量在全世界范围内仅次于四环素类抗生素。大环内酯类抗生素在吸收和排泄上特点各异，其中有的进入呼吸器官中的浓度较高，此特点对鸡的慢性呼吸病的防治很有价值。这类抗生素主要有泰乐菌素、北里霉素等。

（1）泰乐菌素：泰乐菌素（Tylosin）又名泰乐霉素、太乐菌素、泰农、泰乐加和TylasuaU。泰乐菌素的抗菌能力与红霉素相似，对大部分革兰氏阳性菌，特别是对金黄色葡萄球菌、化脓链球菌、肺炎链球菌、化脓棒状杆菌有抗菌作用；对某些革兰氏阴性菌，如脑膜类双球菌和分枝杆菌也有效；对支原体属有特效，可用来防治鸡慢性呼吸道病和传染性窦炎，猪下痢、猪肺炎和萎缩性鼻炎以及小牛支原体引起的肺炎。

作饲料添加剂，添加量大时，可控制上述传染病；添加量小时，可促进生长和提高饲料效率。特别是在卫生条件差、日粮不平衡的条件下，具有促进动物生长、改善饲料效率的作用。泰乐菌素用于鸡，可提高增重10.4%，节约饲料7%，雏鸡成活率也有提高。与其他添加剂可相互协同，在饲料中能与潮霉素B、莫能菌素等同时使用。欧、日、美均批准饲用。

在实际生产中，常用磷酸泰乐菌素作饲料添加剂，酒石酸泰乐菌素作饮水剂。对于鸡饲料，每吨添加4.4 g。美国还允许用于产蛋鸡，它能提高产蛋率，减少软蛋和破蛋。欧共体只准用于猪，每吨饲料添加10 ~ 40 g（4月龄以内）；5 ~ 20 g（6月龄以内）。日本批准用于乳猪，每吨饲料添加22 ~ 88 g。肉鸡和后备鸡每吨饲料添加磷酸泰乐菌素4.4 ~ 22 g。我国规定用量：4月龄以内猪，每吨饲料添加10 ~ 100 g；4 ~ 6月龄猪，每吨饲料添加5 ~ 20 g；8周龄以内鸡，每吨加4 ~ 50 g，产蛋期禁用。停药期均为5天。试验表明，对肉仔鸡日粮中添加酒石酸泰乐菌素以10 mg/kg为宜。

动物实验证明，泰乐菌素也是一种毒性小、残留量小的抗生素。在肠道中不易被吸收，加入饲料中稳定性强，所以是一种很好的安全无毒的添加剂。

（2）北里霉素：北里霉素（Kitasamycin）又名柱晶白霉素、Kitamycin、Leucomycin、Ayermicina、Sineptine、Stereomycine和Syneptine。抗菌谱与红霉素相似。对革兰氏阳性菌有较强抗菌作用，但不及红霉素；对耐药金黄色葡萄球菌的作用优于红霉素，对某些革兰氏阴性菌、霉形体、立克次氏体也有抗菌作用。葡萄球菌对本品产生耐药性的速度比红霉素慢，对红霉素耐药的菌株大部分对北里霉素仍敏感。主要用于治疗革兰氏阳性菌（包括耐药金葡菌）的感染、猪、鸡的霉形体病和弧菌性痢疾，还用作猪和鸡的饲料添加剂，以防治疾病促进生长和提高饲料转化率。

鸡慢性呼吸道疾病：预防10 ~ 330 g，治疗330 ~ 500 g，连用5 ~ 7天；促进生长，10周龄以内的鸡5.5 ~ 11 g，连续给药，屠宰前停药2天，产蛋期鸡禁用。猪传染性肺炎预防88 ~ 110 g，连续给药，用于治疗110 ~ 330 g，连用5 ~ 7天；细菌性痢疾，预防44 ~ 88 g，连续给药，治疗88 ~ 110 g，连用5 ~ 7天；促进生长，2月龄以下5.0 ~ 35 g，连续给药，屠宰前停药3天。

动物口服后吸收良好，体组织分布广泛，尤其在血液中和肺组织中可持续地保持高浓度，其排出速度快于红霉素，且残留量很低。

北里霉素对于大鼠无致畸和致突变性，亚急性和慢性毒性实验证明北里霉素安全。给鸡添加 500 mg/kg 北里霉素，投药 14 天后，停药的第二天各组织的残留量在 0.03 mg/kg 以下。给猪添加 330 mg/kg 投药 14 天后，停药第二天在猪肝脏中可检测到残留的北里霉素，第三天在 0.03 mg/kg 以下。

3. 磷酸多糖类抗生素添加剂

该类抗生素为含磷的糖脂类抗生素，一般对革兰氏阳性菌有较强的抗菌力，对革兰氏阴性菌，除巴斯德氏菌属的两三种菌外，一般抗菌力都很弱。

黄霉素（Flavomycin）又称黄磷酯素、默诺霉素 A、斑伯霉素，是由 9 种组分不同但有密切关系的成分组成的一种含磷糖脂，以默诺霉素 A 为主。黄霉素为畜禽专用抗生素。土霉素主要对革兰氏阳性菌有强大的抗菌作用，对部分革兰氏阴性菌的作用微弱，对真菌、病毒无效。主要用作饲料添加剂，能提高饲料报酬和畜禽增重率，与氨丙啉、莫能菌素、盐霉素等抗球虫药配伍制成预混剂，能抗菌、抗球虫、促生长。本品对牛、猪、鸡、兔均有显著促生长作用。

美国、欧洲共同体、日本和我国均批准使用，每 1000 kg 饲料中用量，肉用仔鸡、火鸡 1 ~ 5 g，2 月龄以内的仔猪 10 ~ 25 g，4 月龄内的猪 5 g，肉牛 30 mg/d。无停药期规定。

由于它的相对分子质量大，经口投药后几乎不被消化道吸收，24 h 后几乎全部由粪便排出。所以，毒性小，无残留，与其他常用的抗生素之间无交叉抗原性，因而在国外应用时间长，范围广。肉鸡以推荐剂量的 350 倍量，产蛋鸡以 25 倍量，猪和肉牛以 16 倍量喂饲，屠宰后在血、肌肉、肝、肾、皮肤、脂肪和蛋中均未测到黄磷酯素的残留。

4. 四环素类抗生素添加剂

四环素类抗生素均为广谱抗生素，对革兰氏阳性菌和部分阴性菌、立克次体等都有较强的抑制作用。对畜禽呼吸系统疾病和畜禽的细菌性腹泻很有效，而且药物毒性小，即使高浓度投药也不会影响动物的生产性能。因此，连续低浓度投药可促进动物生长，而高浓度使用则可治病。其用途很广，世界各国普遍用这类抗生素作为饲料添加剂，其中以土霉素为常用。目前，美国不仅将四环素类抗生素用于牛、猪、鸡的饲料中，还添加在火鸡、鹌鹑、鸭、马、羊、水貂和鱼的饲料中。其作用除促进动物生长和防治疾病外，还可促进产蛋及增加泌乳量。下面就此类抗生素中的金霉素、土霉素做简单介绍。

（1）土霉素：土霉素（Oxytetracycline）又名氧四环素、地霉素、地灵霉杀。它具有广谱抗菌作用，主要是控制细菌生长和繁殖。除对多数革兰氏阳性菌和阴性菌有抑制作用外，还对衣原体、支原体（如猪肺炎支原体）、立克次氏体、螺旋体等也有一定效力。可用来防治幼畜副伤寒、布氏杆菌病、炭疽、猪肺炎、猪气喘、猪痢疾、马腺疫、犊牛白痢、仔猪白痢、鸡白痢、禽伤寒、副伤寒和衣原体病。也可局部治疗牛、马子宫炎和坏死杆菌病。近年常被用作饲料药物添加剂，促进猪、鸡生长和提高饲料转化率，对幼龄畜禽效果明显。作为饲料添加剂，常用其钙盐和季铵盐。这样不仅可提高其稳定性，而且减少对它的吸收，以减少残留量和对肝、肾等的影响。

欧洲共同体已全部淘汰这种抗生素作饲料添加剂，日本淘汰了盐酸土霉素，只用土霉素季铵盐，美国还在使用土霉素（季铵盐、盐酸盐）。我国批准土霉素用作饲料添加剂。混饲（按每1000 kg饲料加入土霉素计）促进生长：鸡5～50 g，2月龄以肉仔猪15～50 g，4月龄肉猪10～20 g；预防疾病：鸡100～200 g，猪50～100 g；控制疾病：鸡200 g，猪500 g。内服易被吸收在组织中广泛分布而残留在畜产品中，并能产生抗药性，其使用范围与用量正在逐年下降，用法及用量也较严格。主要以原形从尿中排出，肾功能衰竭时可在体内蓄积。本品用于成年反刍动物、马属动物和家兔时不宜内服，因易引起消化吸收紊乱，严重时引起死亡。马有时在注射后亦可发生胃肠炎，应慎用。本品与金霉素及四环素之间有交叉耐药性。忌与含氯多的自来水和碱性溶液混合。最好不用金属容器盛药。内服时，避免与乳类制品和含钙、镁、铁、铋等药物及含钙量较高的饲料配伍用。在低钙饲料中（日粮中含钙0.4%～0.55%）土霉素的喂饲不能超过5天，产蛋鸡禁用。

（2）金霉素：金霉素（Chlortetracycline）又名氯四环素。它的抗菌作用与土霉素相似，对革兰氏阳性菌及耐药金黄色葡萄球菌感染疗效优于土霉素。由于有强烈的刺激性，稳定性差，所以一般只作饲料添加剂使用。金霉素能抑制有害微生物，并促进有益微生物的生长，加强小肠吸收养分的能力。所以它能促进畜禽生长发育，提高饲料效率。低剂量能提高饲料报酬，缩短育成期，提高育成率，促进畜禽生长；中剂量则预防鸡慢性呼吸道疾病，火鸡传染性窦炎、猪细菌性肠炎；高剂量可治疗上述疾病。本品局部应用可治疗牛子宫内膜炎和乳腺炎。

美国、日本均批准用于鸡、猪和牛。我国已批准使用。我国农业部规定金霉素作饲料用，每吨饲料添加量：猪，25～75 g（2月龄内）；肉鸡，20～50 g（10周龄内）；预防疾病：鸡、猪50～100 g；治疗疾病：鸡、猪100～200 g。

金霉素毒性小，对肾、肝功能无不良影响，对动物可抑制细菌发酵而引起厌食和偶尔腹泻。金霉素易引起机体免疫抑制。因此，在丹毒疫苗接种前2天和接种后10天期间，不可应用四环素类抗生素。高用量时，低钙（0.4%～0.55%）饲料中连用不得超5天。停药期为7天。

对于饲料添加剂金霉素在组织中的残留问题，应引起人们的重视。但只要稍加注意，正确使用，即可控制。本品有强烈的组织刺激性，不可作肌肉注射。

5. 聚醚类

下面介绍目前常用而又最重要的聚醚类抗生素中的莫能霉素、莫能菌素、盐霉素钠、拉沙洛西钠。

（1）莫能菌素：莫能菌素（Monensin）以弱酸形式存在，通常使用其钠盐，体外抗革兰氏阴性菌，体内抗球虫和螺旋体、杀虫杀螨，提高瘤胃对粗纤维的消化能力。早期被用作抗球虫剂，后来发现它具有提高反刍动物的饲料利用率且有明显促生长作用。美国于1974年正式批准用于肉牛。日本、法国、欧共体均相继列为法定添加剂，并主要应用于密集圈养肉牛。

本品是世界上最早使用且销售量最大的聚醚类抗球虫药。我国进口的制剂为预混剂，系以脱脂米糠、玉米粉、稻壳粉、碳酸钙为基质配制而成，规格：100 g（5 g）、100 g（10 g）、100 g（20 g），有效期2年。混饲（每1000 kg饲料计）禽90～110 g（特效），羔羊、犊牛20～30 g（特效）。治疗绵羊弓形虫病：每只动物每天15 g。

同其他聚醚类抗生素一样，高剂量（120 mg/kg）对宿主的免疫力有明显的抑制效应，但停药后，即能迅速恢复免疫机能；对马属动物毒性大，LD5Q为2～3 mg/kg，中毒时厌食，运动失调，间歇性多汗，以致死亡，应严格避免马属动物食入；珍珠鸡亦不应喂用；本品不能与其他抗球虫药并用，禁止与泰牧霉素或竹桃霉素并用（一般指在用过这两种抗生素之前或之后7天内不得使用本品），否则引起严重生长抑制，甚至中毒死亡；蛋鸡产蛋期禁用，肉鸡上市前应停药3～5天；吸入对人体能引起不良反应，因而拌料时应注意防护。

（2）盐霉素：盐霉素（Salinomycin）又名沙利霉素、萨里诺马辛、球虫粉、优素，是典型的离子载体抗生素。其环状结构使其能强烈地与细胞中的阳性离子紧密结合（尤其是细胞中的K^+、Na^+、Rb^+），改变和加大了细胞膜上脂质屏障的渗透性，抑制子孢子体和裂殖体正常的离子平衡。盐霉素的抗球虫效果优于氯内啉与氯羟吡啶。由于它具有杀虫作用强、毒性小、安全高效等优点。所以，国内外广泛用来防治牛、羊、鸡、兔的球虫病；用60～100 mg/kg混饲对鸡的6种球虫有显著的效力，50 mg/kg以下只有部分效力，100 mg/kg 的效果与 121 mg/kg 的莫能霉素相当。同时盐霉素也是一种理想的促进畜禽生长发育和提高饲料利用率的饲料添加剂，不易产生耐药性及交叉耐药性，残留量很低，也可用于牛、猪，提高饲料转化率，促进生长。

日本于 1978 年最早批准盐霉素作添加剂使用：每吨牛饲料添加 20 g（效价），不能用于猪。欧共体 1987 年批准用于猪，每吨饲料添加 30 ～ 60 g（4 月龄以内仔猪）；15 ～ 30 g（6 月龄以内猪）。我国规定用量，混饲：每吨饲料添加盐霉素粉剂，犊牛 20 ～ 50 g，羔羊 10 ～ 25 g，雏鸡 60 ～ 70 g。美国于 1983 年开始使用盐霉素，但美、欧都不用于牛饲料。马属动物各国都禁用。

盐霉素可以同许多类抗生素协同使用。例如，盐霉素与喹乙醇，盐霉素与阿散酸，盐霉素与杆菌肽锌等合并使用，对于肉鸡增重、成活率和饲料转化率都有提高。盐霉素不能与竹桃霉素、泰乐菌素同时使用，否则会出现毒副作用。该药产蛋期蛋鸡严禁使用，也禁用于成年鸡和马，误食可导致动物死亡。

（3）拉沙里菌素：拉沙里菌素（Lasalocid）又名拉沙洛西菌素，抗球虫效果非常好。除对堆型艾美尔球虫作用稍差外，对毒害、柔嫩、巨型、变位等多种艾美尔球虫的抗球虫效应超过莫能菌素；对火鸡、羔羊、犊牛球虫亦有明显效果；可与多种促生长剂并用，用来防治鸡的各种球虫病，并且改善饲料报酬、促进增重作用非常明显；也用于饲料添加剂。目前，美国、日本、欧共体都已批准使用。

进口供临床使用的制剂为预混剂。规格：100 g（每克含 0. 45 g 相当于 100 万效价单位）。球安是由拉沙洛西菌素钠与碎米糠配制而成，规格有球安-200，球安-450，即每千克含拉沙洛西菌素 200 g、450 g。规定用量：每吨鸡饲料（以拉沙洛西菌素钠计）添加 75 ～ 125 g，羔羊 100 g，火鸡 90 ～ 125 g，犊牛 35 g。加拿大用于促生长和改善饲料效率，允许添加量为：对成牛或犊牛，每千克全价料加 36 mg；每日每头牛摄入量为 11 ～ 200 mg。

毒性小，残留少，小鼠口服 LD5Q 为 146 mg/kg，鸡口服 LD5Q 为 75 ～ 112mg/kg。75mg/kg 浓度使动物对球虫的免疫力有严重的抑制作用。马属动物敏感，忌用。禁止与泰牧霉素、竹桃霉素并用（一般指在用过这两种抗生素之前或之后 7 天内不得使用本品）。蛋鸡产蛋期禁用，肉鸡上市前应停药 5 天。

6. 氨基糖苷类

该类抗生素系从放线菌的培养液中获得。其基本结构中含有氨基糖部分与非糖类分子的苷原结合而成的苷，其盐类水溶性较好。该类抗生素的抗菌谱大致相同，都具有局限性。对革兰氏阴性杆菌的作用远比对革兰氏阳性菌强，对绿脓杆菌的作用也较强。此类抗生素对结核杆菌均有一定的抑制作用。

这类抗生素的盐基在动物消化道中一般不易被消化，其最高吸收量不超过2%～3%。未被吸收部分随粪便排出体外，被吸收部分因与肾细胞的亲和力较强，会较长时间残留于肾组织中，一般需要2周以上才能全部从肾脏排出体外。当肾功能减退时本类抗生素的血清半衰期将显著延长。因此，使用时需慎重。此外，此类抗生素如经注射投药，被组织大量吸收后对第八对脑神经有损害，会导致听觉和平衡器官发生障碍。为了避免加剧上述毒性反应，本类抗生素不宜联合使用。下面仅对这类抗生素中的越霉素A和潮霉素B做简单介绍。

（1）越霉素A：越霉素A又称德畜霉素A（Destomycin A），得利肥素，对猪蛔虫、猪鞭虫、猪类圆线虫、猪肠结节虫、鸡蛔虫、鸡盲肠虫和鸡毛细线虫均有效。作用机理是使寄生虫的体壁、生殖器管壁、消化管壁变薄变脆弱，以削弱虫体运动活性而被排出体外。被排出的虫体或异常卵往往还留在圈舍内，若被猪、鸡吃进后不会再感染。此外，对某些革兰氏阳性菌、阴性菌和霉菌亦有抑制作用，还有一定的促生长作用。日本和东南亚国家批准作为饲料添加剂使用，美国和欧洲共同体只批准作兽药。

越霉素A预混剂，规格：100 g（2 g，200万国际单位）、100 g（5 g，500万国际单位）、100 g（50 g，5000万国际单位），有效期2年。混饲（按每1000 kg饲料加入越霉素A计）猪、鸡5～10 g，可连续应用8～10周。

越霉素A安全性高，是动物专用抗生素。越霉素A在体内不被动物吸收，几乎无残留。连续使用时，寄生虫不会有抗药性是它的另一优点。猪、鸡屠宰上市前应停药3天。在加工或运输时应注意，不可使之沾在眼睛和皮肤上，以免刺激。产蛋期禁用。

（2）潮霉素B：潮霉素B（Hygromycin B）又名湿霉素乙，主要用于猪、禽胃肠道线虫，对猪蛔虫、猪食道口线虫和鸡蛔虫、鸡异刺线虫具有较好的抑制作用。❶ 它保护动物的肠壁不受寄生虫的侵害，可充分吸收营养，有效提高了饲料的利用效率。它驱虫时不发生应激反应，是一种较安全的动物专用抗生素。此外，具有一定的抑菌作用。

潮霉素B预混剂，混饲（按每1000 kg饲料计）猪10～13 g，鸡8～12 g，可连续应用6～8周。动物对潮霉素的吸收很差，大都从粪中排出。

❶机理是阻止成虫排卵，破坏了寄生虫的生活周期，阻止幼虫生长，使之不能成熟。

但在猪饲料中添加 100 mg/kg 以上时，连喂 56 天可出现中毒现象。产蛋期鸡禁用。猪、鸡停药期分别为 2 天和 3 天。

近年来，公众食品安全的意识逐渐增强，饲料安全即食品安全的概念已深入人心。这就要求广大饲料研究工作者、饲料生产者、畜禽养殖者严格遵守国家有关抗生素及有毒有害物质方面的规定，研制出更多的无公害饲料添加剂，确保百姓健康和环境安全，促进我国畜牧业的可持续发展。

第五章　新型饲料添加剂资源的开发利用

目前，人们的生活水平随着时代的发展也在不断提高，开始追求高品质的动物性食品，这就对动物饲料添加剂的成分提出了更高的要求，本章将对新型饲料添加剂资源的开发与利用展开详细论述。

第一节　生物活性肽

一、肽的基本定义及物理性质

肽在结构上可以说是和蛋白质几乎相同的，其形式是由氨基酸以肽键组成的结构片段构成，只不过聚合度相对较小。肽的命名是与所含氨基酸数量有关的，一般最小的肽称为二肽，是由两个氨基酸组成的。于是含有三个氨基酸的肽就被称为三肽。按照这种命名规则，多个氨基酸组成的肽就顺理成章被称为多肽。小肽特指由两三个氨基酸构成的寡肽。

肽分为功能性和无功能性两部分。功能性（或活性）肽是指由于在氨基酸组成和排列上的特殊性，表现出对机体细胞、组织或整体有特殊生理功能的肽。如清除自由基、降低血压或提高机体免疫力等。除此之外的肽属无功能性肽，是体内的组成部分或体内的正常代谢产物。

由于肽和蛋白质在结构上具有很大的相似性，这就意味着肽和蛋白质在理化性质上也就有了类似的作用。只是肽的链长要比蛋白质的小，所以两者又具有了一定的区别。肽可以经过蛋白质的分解获得，在水解的过程中由于肽键的断裂作用，发生了三个方面的变化：①随着可解离基团（$H_2S\ NH^+$，COO^-）数目的逐步增多，亲水性及静电荷数也随之增加了不少；由于分子结构发生了相应的改变，这也就使那些包藏在内部的疏水性残基充分暴露在水相里；③链长和相对分子质量都得到相应降低。

这些变化的发生都使得肽与完整蛋白在一些方面都存在很大的区别。蛋白水解后，随着分子量的减少产生的则是可离解的氨基和羧基基团，但随之水解物的亲水性却得到相应增加。因此，与完整的蛋白质相比，肽的溶解性得到前所未有的提升。即使是肽所处的周围环境条件很恶劣，依然可以保持其可溶性，这是它的一个很重要的理化性能。

研究表明，大豆即便是部分水解都会使最终水解物的溶解性增加，特别是在大豆蛋白的等电点 pH 值 4 ～ 5 处，大豆蛋白质会形成沉淀，但大豆多肽则保持溶解状态。

肽链的断裂对肽的疏水性造成了一定的影响，这使净电荷的数量得到相应增加，所以就导致了黏度大幅下滑；而那些没有完全水解的蛋白水解肽的乳化性提高，使得肽的分子继续变小，乳化性明显降低；而此时的肽相对于蛋白来说，稳定性更高。蛋白水解物的稳定性具有两方面的含义，一是指含水解物的产品的热稳定性；二是指与其他组分共处时的稳定性及贮存稳定性。例如，酪蛋白的胰蛋白酶和凝乳蛋白酶水解物（2% ～ 5%）经过一段时间的处理后依然可以保持相对的稳定性。

二、肽的功能作用

（一）促进氮的吸收

节省蛋白质资源，降低氮的排泄，把可能对环境造成的污染降到最低。主要表现在以下几个方面。

（1）肽的吸收速率快，需要消耗的能量低，载体不容易达到饱和状态。乐国伟（1997）做过一次试验，将主要成分是酶解酪蛋白和相应游离氨基酸组成的混合液灌入鸡的十二指肠中，经过大约 10 分钟的时间后发现，静脉血液循环中一些肽的含量和总肽含量在酶解酪蛋白组中要明显比游离氨基酸组高。由此可以推断出，小肽的吸收不仅迅速，且吸收率还很高。

（2）肽黏度小，并且在加热过程中也不会发生胶凝现象。这是肽的一个独有性质，对动物的消化吸收过程有很大的帮助。主要表现是食糜在肠道中可以和酶进行充分接触，促进蛋白、淀粉等的酶解过程，营养物质被吸收得更彻底。

（3）降低彼此间吸收竞争的概率。研究者们通过对小肽和游离氨基酸吸收特点进行比较后发现，这两个过程是分别独立存在的，彼此之间互不影响，在小肠内的转运机制是两个完全不同的过程。氨基酸从肠腔的转移主要通过三种途径：一是被动转运，二是容易进行扩散，三是在 Na^+ 的帮助下进行主动转运。只不过这些氨基酸中那些经过刷状缘转运的，彼此之间存在一定的竞争作用。而肽的转运系统是与之完全不同。正因为肽与氨基酸的这种彼此独立的吸收机制，对氨基酸彼此之间在竞争共同吸收位点的时候产生的吸收抑制会起到一定的控制作用。

（4）消除或减少日粮中大分子抗原和抗胰蛋白酶因子含量。外源大分子抗原多是饼粕中的大分子物质，包括蛋白质和糖蛋白，分子量一般都达万以上。相对而言，分子量越大，免疫原性就越大。大豆蛋白质中存在免疫化学性质不同的4种组分，这些具有免疫原性的大豆蛋白可增加对动物的不良刺激，导致血浆蛋白质漏入肠腔，导致绒毛萎缩和腺窝增生等肠道损伤，妨碍消化道中蛋白质降解，使粪便排出的氮增加，影响小肠黏膜细胞代谢，造成肠腔中大肠杆菌增多，导致体液免疫功能障碍等，而且容易造成幼龄动物的消化障碍，如仔猪腹泻。有效的消除或降低该蛋白的过敏原性的方法应是在体外将过敏原性蛋白降解。当将大分子的蛋白转化为分子量较小的肽时，就可以消除抗原物质，减小大分子蛋白带来的不良影响。

（二）提高对矿物元素的吸收率

pH在动物小肠中一般会呈中性或略偏碱性，在这种情况下饲料中的某些成分就很容易和矿物元素结成复合物，而且这种复合物很不容易溶解。但是肠道内的肽类物质和矿物元素结合成的螯合物却是极易溶解的，而且还促进了对金属离子的吸收。例如，酪蛋白磷肽（CPP）是酪蛋白酶解产物，其中的磷可以和肠道内的钙进行结合，从而减少了钙盐沉淀的积累，以降低大量矿物元素随大便排出体外，造成浪费。

（三）肽的生物活性功能

原来的观点认为，蛋白质营养即是氨基酸的营养。但经过近几十年的试验研究，认为以上观点并不完善，主要表现在动物能以完整形式吸收肽，以及某些结构的肽在体内可以发挥营养功能之外的特殊生物活性。

动物自身是含有种类繁多且数量很大的活性肽，这些肽分布于动物身体的各个器官或组织结构中，对动物体的日常生理和免疫系统的功能起到重要的调节作用，身体内不可缺少的物质。

另外，上面所说的动物体内的活性肽还可以通过另一种途径获得，那就是经过饲料的喂食。饲料中适量添加活性肽可以对动物的代谢和免疫等功能产生一定影响。例如，在饲料中添加含有谷胱甘肽的物质，来达到提高动物的消化功能和增强免疫力的目的。使用这种方法可以代替抗生素的使用，从而使喂养过程更加绿色健康，保证动物食品的品质，促进整个畜牧业的良性发展。

三、肽的生产方法及制取工艺

（一）肽的生产方法

肽的生产可以通过以下三种途径获得：一是经过蛋白质的分解获得，二是从植物或微生物中提取，三是在人工化学的帮助下经过游离氨基酸合成而来。其中，蛋白质水解用到的方法有微生物法、酶解法和化学水解法。

1. 微生物法

微生物法是以有益菌株为基础建立起来的，这些菌株不是培育的而是直接从大自然中选出来的，然后将菌株接种在蛋白质上进行发酵，利用其生长繁殖中产生的蛋白酶，将蛋白质降解为多种小肽。采用微生物法的关键步骤是筛选出的菌株要与外部生长环境相适应，确保最后是可以获得小肽的。但是如果选择在大豆上进行发酵的话，需要做到的是能够将其中的大分子抗原和抗胰蛋白酶因子破坏掉。目前，关于生产肽方面的研究国外已经开始进行并且已经有产品问世了。而国内也已经有了关于这方面的专利技术，发展前景广阔。

2. 酶解法

采用酶解法获得肽制品需要的条件是蛋白酶所处环境的温度和 pH 值都是最佳的。不过需要注意的是，采用这种方法对外界的环境要求比较严格，需要比较温和的条件，这样就可以对生产过程进行有效把控，以确保氨基酸可以保留更高的营养成分。

基因工程和发酵工业在不断进步和发展，在此基础上酶的表达和制取工艺也获得了相应改进。随着蛋白酶生产量的逐渐增加，生产成本表现出了下降的趋势，这种方法同样适用于肽的生产过程。

利用酶解法生产肽最关键的步骤就是选择合适的蛋白酶，主要是特别注意以下两方面：第一，确保所选择的酶是与有关食品安全的规定相符的。第二，经过分解可以确定选用的酶可以切出我们所需要的肽片段。

酶解法离不开大量的酶的支持，蛋白酶的种类有很多，主要来源途径有三个方面，分别是动物来源、植物来源和微生物来源。其中重要的动物性蛋白酶有胃蛋白酶，植物性蛋白酶有菠萝蛋白酶和木瓜蛋白酶。

3. 化学水解法

化学水解法中用到的主要是酸水解法，这种方法是在一定摩尔浓度的盐酸的作用下促使蛋白中的肽链发生断裂。由于氨基酸种类不同也就造成了中间肽键的结合力略有不同，所以最先断开的是其中结合力最小的键，从而组成的肽键也就呈现出长短不齐的状态。采用这种方法的优点是操作简便而且成本较低，但缺点是在水解过程中无法按照规定的水解度对其实施有效控制，这样就造成了对氨基酸的损害。水解时如果色氨酸全部被破坏掉，那么蛋白的营养价值就会大打折扣，并且在水解过程完成以后盐酸一定要清除出去。需要注意的是，利用碱水解法会破坏的氨基酸数目更多。

4. 提取法

提取法主要是从那些富含肽或在基因重组技术的帮助下促使体内合成

大量目标肽的天然植物、微生物菌株中经过工艺加工而获得肽的方法。目前，现有的技术已经可以熟练地从小麦胚芽和酵母中提取谷胱甘肽。在现有技术的基础上我们可以预测未来提取法的趋势将会是以基因工程为基础进行改良，这会在很大程度上提高产量和降低成本。

5. 化学合成法

化学合成法是指在目标肽氨基酸排列顺序的基础上，利用人工方法而进行的化学合成。我国分别在 1958 年和 1965 年成功合成的具有生物活性的 8 肽–催产素和 51 肽–结晶牛胰岛素就利用的是这种方法。近些年，逐步发展起来的固相多肽合成就是在肽合成技术的基础上发展起来的，并且已经将此技术应用到了我国的医药工业中。据临床应用发现，经过人工合成的催产素的效果要比提取的混有加压素的天然产品好很多。只不过这项技术应用过程复杂且费用很高，因此如果想要全面应用于畜牧业还需要一段时间。

（二）肽的生产工艺

1. 微生物发酵法

微生物发酵法的工艺流程与生产方法中的过程类似，都是需要筛取有益微生物菌株，然后接种在蛋白质中进行发酵。其中，筛选出生长良好的菌种，对菌种进行细菌学鉴定和特性研究，同时研究各菌种在生长繁殖时分泌的蛋白酶的酶学特性和对底物蛋白分子的利用特点，然后根据各自的特点将菌种进行不同组合以发酵生产合适肽链的蛋白发酵肽，具体技术工艺如下。

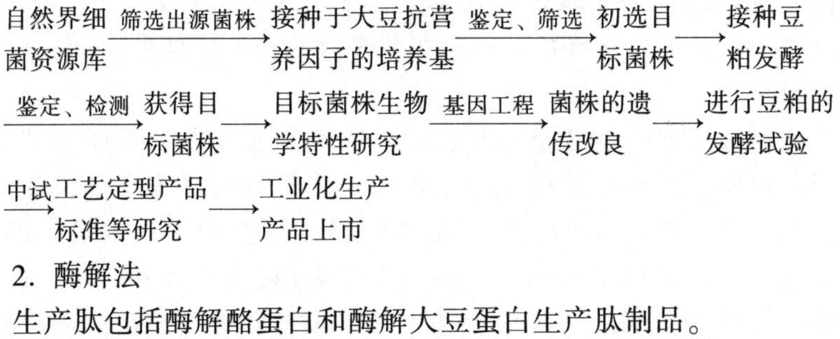

自然界细菌资源库 —筛选出源菌株→ 接种于大豆抗营养因子的培养基 —鉴定、筛选→ 初选目标菌株 → 接种豆粕发酵 —鉴定、检测→ 获得目标菌株 → 目标菌株生物学特性研究 —基因工程→ 菌株的遗传改良 → 进行豆粕的发酵试验 —中试→ 工艺定型产品标准等研究 → 工业化生产产品上市

2. 酶解法

生产肽包括酶解酪蛋白和酶解大豆蛋白生产肽制品。

胰酶酶解酪蛋白生产工艺：酪蛋白是牛乳中主要含氮化合物，约含 2.5%，以胶粒形式分散于乳中，将酪蛋白从牛乳中提纯出所得的产物就是干酪素。干酪素呈白色或微黄色、无臭味的粉状或颗粒状物料，在水中几乎不溶，但易溶于碱性溶液、碳酸盐水溶液和 10% 的四硼酸钠溶液。首先将干酪素用冷蒸馏水冲洗浸泡，洗去其中的残酸，然后升高温度至 80 ℃，使酪蛋白变性，并易于溶解，边搅拌边缓慢加入 NaOH 溶液，直至干酪素溶解，调节溶液 pH 值为 8.0，降低溶液温度至 50 ℃后，加入胰酶，保持反应温度 50 ℃。为维持溶液的 pH 值在 8.0，需要不断地加入 NaOH 稀溶液，进行酶解。当快要达到终点时，再升温至 70 ℃，维持 30 min 左右的时间，其作用主要有两方面：一是将胰酶灭活，二是将溶液中的杂菌杀灭。

将反应液经板框压滤机和微滤压缩机过滤。由于采用动物性胰酶进行酶解为维持最佳 pH 在酶解时加入了相当数量的碱，所以，最后需要对溶液进行脱盐处理。可以采用强酸型阳离子和强碱型阴离子交换树脂进行脱盐，因为商品强酸型阳离子交换树脂在出厂时均为 Na^+ 型，而强碱型阴离子树脂为 Cl^- 型。所以，在进行交换之前，应将阳树脂用 HCl 转型为 H^+，将阴树脂用 NaOH 转型为 OH^-。转型结束后，用树脂对酶解液进行脱盐处理，处理的结果是溶液中的阴、阳离子分别替换阴、阳树脂上的 OH^-、H^+ 而将溶液中的盐除去。随后，将酶解液经真空浓缩，喷雾干燥得到胰酶水解酪蛋白肽制品。

大豆蛋白肽的生产工艺：现阶段比较常用的生产工艺是以低变性脱脂大豆粕作为生产原料进行制取。只不过大豆中含有微量的胰蛋白酶抑制剂，因此在用这种方法时需要预先加热处理对胰蛋白酶进行灭活，但是这一操作的副作用是会使外源凝聚素、致甲状腺肿素、抗维生素因子等失去活性。

另外，大豆在水解前需要进行充分的脱脂操作，这一过程是为了避免大豆不饱和脂肪酸在脂肪氧化酶的催化作用下发生氧化而产生难闻的豆腥味。还有就是，大豆蛋白质经酶解后，会由于亮氨酸、蛋氨酸等疏水性氨基酸及其衍生物和低分子苦味肽的存在而略带苦味。本来这些疏水性氨基酸是隐藏在天然蛋白质中的，不会和味蕾发生直接接触，只是后来在酶解作用的辅助下，这些氨基酸被分解出来了，而苦味也随着水解的过程而呈现递增趋势。

所以，如果利用蛋白酶的不同选择和组合与控制酶解处理时间等方法相比，可以掌握及控制蛋白的水解程度。此外，除臭剂、活性炭等化学试剂的加入方法也可以将大豆多肽制品中的不良风味和抗营养物质除去，从而可以从根本上改善大豆多肽的风味和使其营养价值得到最大化。

3. 提取法生产谷胱甘肽

由于谷胱甘肽在酵母和小麦胚芽中的含量极高，达 0.1% 以上，所以可以直接从中提取。以小麦胚芽为原料，通过添加适当的溶剂或结合淀粉酶、蛋白酶处理，再经离心、分离和精制而成，其工艺流程简单。以天然酵母或转基因酵母为原料时，先经热水抽提，经离心去残渣，调节 pH 值为 2.8 ～3.0 后，通过树脂柱吸附谷胱甘肽，用酸洗脱，加入 Cu_2O，形成沉淀后，加入 H_2S 进行分离，再经置换、浓缩、干燥制得成品。

四、蛋白酶解物的检测分析

（一）水解度（DH）检测方法

DH 的定义：DH=（被水解的肽键数目/总的肽键的数目）×100%，是当前衡量酶解程度的重要指标。单位重量的特定蛋白质含有的肽键数目是一定的。所以，测定水解度时，关键是测定被水解的肽键的数量。

（二）肽定性和定量的检测方法

1. 肽的定性检测方法

（1）高压液相色谱法：这种方法必须有肽标准物，将样品的谱线与标准物谱线对比，即可定性地验证样品中是否存在目标肽。

（2）质谱法：用质谱仪可以测定出肽的分子量、氨基酸组成和序列，从而对肽进行定性。但这种方法要求样品有很高的纯度，所以常用气相色谱或液相色谱联用进行分子量和序列的测定。

（3）分子筛层析：又称凝胶过滤、凝胶渗透和排阻色谱等。其应用原理是混合肽在离子树脂中洗脱时，出峰时间同肽的分子量大小的平方根成正比。此方法要求肽间的分子量差异应该较大，而且本方法的定性仅是针对分子量大小范围的定性，并不能确定是某种特定肽。

2. 肽的定量检测方法

如果样品是纯的肽制剂，则定量的方法很多，测定蛋白总量的方法基本都能应用，如凯氏定氮法、酚试剂法、紫外分光光度法、比浊法等，这些都是测蛋白质的常用方法。但各方法在测定蛋白或肽时均有各自的特点。例如，凯氏定氮法应精确了解样品的含氮量；酚试剂法和紫外分光光度法主要运用酪氨酸和色氨酸残基与磷钨酸—磷钼酸试剂起蓝色反应和两残基在 280 nm 处有紫外吸收（分子中含有苯环共轭双键）进行肽的定量测定，所以必须知道两种氨基酸的比例。

如果样品是肽和游离氨基酸的混合物，可以采用茚三酮显色法。先测定水解前样品中游离氨基酸的量，然后测定酸或碱水解后的氨基酸的总量，后者减去前者的剩余量被认为是肽形式氨基酸的量。此方法测定的肽是样品中除游离氨基酸外的所有肽的总和，不能测定某种特定肽的量。采用双缩脲法可以测定三个氨基酸以上的多肽的含量。

五、肽制品的应用技术

由于当前营养学中肽的研究尚处于起始阶段。因此，对肽制品的应用技术研究仍不成熟。对肽的应用技术需要开展许多深入的研究工作。肽本质上是氨基酸的聚合体，由于动物生长必需供给足量的氨基酸。从生物和食品安全意义上讲，肽本身无毒副作用。所以，饲料中肽的添加量并无数量限制，仅在于肽的添加如果过多，超出动物的需要量，无法利用而排出体外，引起蛋白资源的浪费，粪便中过多的氮排出可造成环境污染。

肽在饲料中添加的作用当前主要体现在两点：一是促进饲料中营养物质特别是氨基酸的吸收；二是活性肽在肠道中或吸收人体内后发挥生物活性作用，促进动物的物质代谢或机体健康。将肽制品添加入饲料中，发挥两者或其中一种功能，均能促进动物的生长和健康。乐国伟（1 998）给雏鸡灌注主要由小肽组成的酶解酪蛋白，肝脏和胸肌组织蛋白质合成率显著高于灌注游离氨基酸的雏鸡。实际应用肽时，需要根据其特点有针对性地进行科学添加。从数量上比较，发挥肽的第一种功能时，饲料中肽的比例要高于发挥第二种功能时肽的比例。当前限制肽在养殖业中大范围利用的主要因素是其生产成本较高，尚无法将饲料中的蛋白全部用肽制品替代，在肽的生产方法和工艺有大的突破之前，只能部分代替。当前进行的为数不多的试验均表明，即使是饲料中添加部分肽制品，动物的生长性能或生产表现也会受到很大的影响。

肽作为一种新开发的绿色饲料添加剂，在养殖业中有巨大的潜在优势。在日粮中少量添加便可发挥很大的提高生长速度和生产水平的作用。当前对肽制品的应用，主要是针对实际饲养中肽的添加比例及其促生长或生产效果，并结合具体市场情况确定出合理的添加剂量，以获得最大的经济效益和社会效益。

第二节　物性改良剂

物性改良剂在饲料中的添加量很小，但是发挥出来的作用很大，对改善饲料品质起到决定性作用，主要包括黏结剂、抗结块剂、稳定剂和乳化剂等。改良剂在使用过程中也是展现出了不同的特性。[1]

另外，在实际应用中，现有的改良剂产品也有其使用局限性，需要我们去逐步改进。

一、黏结剂

黏结剂也被称为颗粒饲料制粒剂，是在饲料生产过程中，为了使饲料更快成形而加入的一类物质。主要应用在颗粒饲料的加工中。

黏结剂也发挥了自身的重要功能，主要表现在以下方面：第一，改善粒料品质（包括粉率、硬度、耐磨度），减少饲料粉尘，使颗粒保持稳定。第二，使生产效率得到提升和延长了机器部件的使用寿命。第三，增强了口感，使动物食量增加。第四，应用于水产饲料，避免了由于水的作用而使饲料散开和下沉现象的发生，从而可以锁住更多的营养和减少对水质的污染。第五，减少了饲料中活性微量组分在加工、储存过程中的损失。

黏结剂的种类很广泛，大多无毒、无怪味、具有较强黏结作用的天然物质和化学合成或半合成的物质都属于黏结剂的范畴。目前，在饲料制造过程中应用到的黏结剂大约有50种。

（一）单一黏结剂

1. 天然类

天然类黏结剂主要有树木分泌的胶汁（龙胶、瓜拉胶、果胶）、黏土（膨润土、陶土、钠土等）、植物淀粉（小麦、玉米、木薯、马铃薯等淀粉或变性淀粉）和海藻类胶质（海藻酸钠、海带胶、琼脂等）。

需要注意的是，胶汁易受到酸碱值、湿度、矿物质盐类的影响而使黏度有所降低；黏土的黏性较低，添加的时候可适量增加用量；植物淀粉黏结力的大小取决于淀粉类型和饲料加工设备以及操作技术；海藻类胶质虽然在结合力上具有很大优势，但是价格相对昂贵。

（1）西黄蓍胶。这种胶的主要成分是一种树干和根的分泌物，该树属于黄芪属。粉剂表现为乳白色，且在冷水中也可以溶解，pH值为8时黏度是最高的。西黄蓍胶的黏度为3.8cps左右，可以说是在植物胶中处于优质地位的，且与其他物质经过搅拌后使用效果最佳。不过溶液中存在的矿物

---

[1] 颗粒饲料在生产、运输、饲喂过程中会发生粉化，使饲料利用率降低。粉状料在储存过程中产生结块，在饲料中添加黏结剂、抗结块剂和稳定剂，可以改善饲料的粉化率、硬度、耐磨度，增加生产效率，也可以提高动物的生产性能。特别是水产饲料，减少养分流失，提高饲料利用率更为重要。若颗粒饲料黏结性差，饲料在水中很快松散，加大了饲料系数，同时加速水质污染程度。

质，有机酸及二价、三价阳离子会对该胶的黏度产生一定影响。

（2）阿拉伯胶。阿拉伯胶作为一种植物胶，其应用范围是最广泛的。它可以很好地溶解在水中，黏度大。但是受温度和 pH 的影响也最为明显。pH 值为 6 ～ 7 时黏度最大，随着温度的逐渐升高黏度呈下降趋势。

（3）瓜尔胶。瓜尔胶是一种从豆科植物中提取的天然植物性乳胶，属于多糖类，接近无味，即使是在冷水中也可以成为胶状。瓜尔胶受 pH 值的影响也比较明显，当 pH 值为 4 ～ 10.5 时表现得最稳定，当 pH 值达到 8 时溶解度是最好的。

（4）蚕豆胶。蚕豆胶主要是从蚕豆胚乳中提取的物质，粉剂呈白色。黏度受 pH 值的影响不是特别明显，但在中性盐的作用下，其黏度会有波动。

（5）卡拉胶。卡拉胶是一种多糖的统称，这种物质主要是从海洋红藻中提取的，是一种混合物。卡拉胶相对其他胶质体来说不易分解，具有较强的稳定性。在热水中可以形成黏性透明或轻微乳白色的易流动溶液，而在冷水中则无明显的溶解现象发生。但是当溶液 pH 值降到 4 以下呈酸性时，卡拉胶就发生了明显的水解现象，凝结力和黏度都大幅降低。

（6）明胶。明胶是一种水溶性蛋白的混合物，是胶原蛋白经过水解后得到的。该物质性价比是比较高的，可以通过生物降解法获得。经过商品化的明胶表现为透明颗粒状，没有强烈的味道。可以溶解在酸碱溶液或甘油中，具有很强的亲水性，在有碱性介质存在的溶液中黏度是最高的。

（7）膨润土。这种物质一般用于畜禽的颗粒饲料中，吸水量可达到自身重量的 8 ～ 15 倍。另外由于膨胀性的作用，当吸收了适当游离水体积膨胀后可提高饲料的黏结性和润滑度，从而加强颗粒的耐久性。钙基膨润土可以说是最好的饲料黏结剂，只是在使用过程中用量以不超过配合饲料的 2% 为宜。

（8）坡缕石。坡缕石又叫凹凸棒土，是一种具链层状结构的含水富镁硅酸盐黏土矿物。吸水性强、承载性能好、粒度均匀、没有毒性，在替代玉米粉作为饲料添加剂使用的同时，还降低了饲养成本。在肉鸡饲料中可作为黏结剂添加使用时，可改善饲料的颗粒硬度，当添加量为 1% 时，硬度可增加 32%，耐久性变化不明显。

（9）α-淀粉。这是一种物理变性淀粉，自身具有很强的亲水性，遇到水就会发生膨胀。黏弹性好。应用较多的是马铃薯 α-淀粉和木薯 α-淀粉。用一定比例的 α-淀粉与小麦筋粉混合使用，比单一的 α-淀粉的黏结效果好。α-淀粉的黏性因子因其生产工艺不同差异很大。赖健等采用挤压膨化技术制作马铃薯 α-淀粉。α-淀粉是鱼类等水产品配合饲料的优质黏结剂，同时也是首选。只是需要注意的是，水产类对淀粉的利用是有限的，一般鳗鱼配合饵料中α-淀粉的量不宜超过22%，虾的为8%～10%。但是如果选用山药淀粉作为鱼饲料的黏结剂使用时，添加量为5%，因为其制粒能力、硬度和稳定性是最好的。

（10）海藻酸钠。这种胶又称褐藻胶，主要存在于海藻中。其制品为白色（淡黄色）干燥粉末或胶体，没有味道且无毒性，亲水能力很强，吸水后体积可迅速膨胀10倍以上。并且易与蛋白质、淀粉、明胶等饲料组分共溶聚合，随着温度的升高反而会使其黏度降低。目前，虽然海藻酸钠作为黏结剂在鱼虾饵料中应用较普遍，但是价格相对较贵，所以实际中常与α-淀粉共同使用，添加量低一些，一般在1%左右。此外，钾、铵、钙等也都可以作为饵料黏结剂来使用。

（11）琼脂。琼脂又称为洋菜胶，是经过某些红藻加工而成的，无味。可在热水中逐渐溶解，在温度为25 ℃时会形成胶溶液。如果在琼脂中加入适量的碱性物质会适量使琼脂的黏结度得到提高。一般在水产类动物的微粒饵料中的用量保持在0.5%～2%。

（12）魔芋葡甘聚糖。该物质是魔芋干物质的主要成分，是一种聚合度较高的天然高分子多糖化合物，水溶性很好。与黄原胶、瓜尔豆胶相比，魔芋甘聚糖不带电荷，盐对它的影响不是很明显。与黄原胶、淀粉混合使用时，溶液黏度会大幅增强。

2. 人工合成类

人工合成的黏结剂有羟甲基纤维素（钠盐）、聚丙烯酸钠、聚丙烯醇、尿素甲醛缩合物、聚乙烯醇、聚丙烯酸、各种淀粉磷酸盐、木质素与磺酸钠等。

（1）羧甲基纤维素钠。这种物质为白色纤维状，无臭味，亲水性强，易吸潮气，溶解性很好。其黏度受pH的影响较为明显，pH值等于7时，黏度达到顶峰；pH值处于4～11时，黏度较大；但当处于弱酸环境下时，该物质容易形成沉淀而失去黏性。另外，与温度也成反相关的关系，温度越高黏性反而越小。当温度大于45 ℃时，黏度几乎为零。一般情况下可作为鱼饵饲料的添加剂，但不超过2%。

（2）羧甲基纤维素。一种用途广、发展迅速的重要的水溶性高分子纤维素醚，通常是由天然纤维素与苛性碱及一氯醋酸反应后制得的一种阴离子型高分子化合物。这是一种白色的、没有味道的粉末状物质。很容易溶解在冷水中，但在热水中溶解度却很低，黏度是随着温度的上升而降低的。当温度达到80 ℃以上时，黏度为零。一般在饲料中的添加量都不会超过2%。

（3）乙基纤维素。这是一种白色颗粒或粉末，没有特殊气味。易溶于有机溶剂中，但在水中的溶解度很小。用于鱼类饲料中，容易被鱼摄食，并进行消化和吸收。

（4）脲醛树脂。这种物质性价比很高，即使周围溶液条件特别恶劣，其稳定性也会很好，是优良的颗粒饲料黏合剂的材料选择。在实际中的用量一般以 0.5% 为宜。

（5）木质素磺酸盐。这种物质是一种固态醚聚合物，呈暗褐色。它具有很强的吸湿性，在颗粒饲料成品中的含量一般都保持在 4% 以内。

（6）聚丙烯酸钠。本品为无味的白色粉末，吸水后可迅速膨胀为透明的凝胶体状，与海藻酸钠和羧甲基纤维素钠相比黏度要略高一些。在高温和盐性环境下对黏度的影响都不明显；酸性会使黏度大幅下将；而在碱性条件下，黏度则表现最好。聚丙烯酸钠是鱼虾饵料中最为常用的黏结剂，可直接加入饲料中使用，用量保持在 0.1% ～ 2%。当作为猪饲料黏结剂使用时，可增加猪的摄食量，使饲料的利用率达到最高。

（7）羧甲基淀粉钠—硬脂酸淀粉酯。以羧甲基玉米淀粉为原料、硬脂酸为酯化剂、脂肪酶为催化剂，在干法条件下合成羧甲基淀粉钠—硬脂酸淀粉酯。其黏度和对氯化钠的耐受度比羧甲基玉米淀粉和硬脂酸玉米淀粉酯高，样品糊化后，其黏度仍然最高。

（8）羧甲基淀粉与凝胶多糖交联。以三偏磷酸钠为交联剂，羧甲基淀粉与凝胶多糖（海藻酸钠、魔芋胶和卡拉胶）进行交联。其中，羧甲基淀粉与卡拉胶交联后黏度最大。

3. 黏结剂效果对比

黏结剂的选择是影响颗粒饲料效果的一个重要因素，而颗粒饲料的质量又影响动物的摄食量及生产性能。黏结剂可分为营养型和非营养型两类。同一黏结剂在不同物种、不同饲料配方中所表现的优势不同，大量研究比较了不同黏结剂对动物生产性能的影响。

陈笑冰（2011）探讨了黏结剂添加量为 2% 时，褐藻酸钠、卡拉胶、黄原胶、明胶、魔芋胶对微颗粒饲料的物理性状，如悬浮性、溶失率及大菱鲆稚鱼的生长、存活及消化酶活力的影响。结果表明，明胶和褐藻酸钠适宜作为大菱鲆稚鱼微颗粒饲料的黏结剂。

Pearce 等（2002）比较了添加量为 3% 或 5% 的明胶、瓜尔胶、海藻酸钠和玉米淀粉黏结剂的性能。结果表明，黏结剂的类型和添加量对海胆性腺的产量有显著的影响，且饲料稳定性受黏结剂类型的影响，而不受添加量的影响。

Simon（2009）发现，在龙虾日粮中添加 8% 的明胶、7% 藻酸盐、1% 六偏磷酸钠和8%琼脂，一段时间后干物质的消化率得到明显提升，分别为73%、68%和61%。

Volpe等（2012）采用低温制粒的方法，比较了果胶、藻酸盐和壳聚糖3种天然多糖作为黏结剂使用时对螯虾饲料品质的影响。结果表明，果胶和壳聚糖作黏结剂，饲料颗粒在水中稳定性最好，其中果胶处理组螯虾体增重最高。不同黏结剂（羟丙甲纤维素钠、羧甲基纤维素钠和海藻酸钠）制备的微颗粒饲料，对西伯利亚鲟开口期营养吸收没有显著影响（盛洪建等，2009）。在海狸日粮中添加2%和5%的海藻酸钠，对海狸肉的营养品质、质构和感官品质没有显著影响。在管角螺配合饲料中添加面粉、α-淀粉、海藻酸钠和明胶4种黏结剂。研究结果表明，4种黏结剂最适宜的添加量依次为17%、11%、10%和7%。其中，明胶的溶失率最小、摄食率最大；面粉的溶失率最大、摄食率最小。

（二）复合黏结剂

在实际生产中，黏结剂一般不单独使用。通过两种以上的联合使用，黏结效果会更好。曹志华等（2006）通过感官法将面粉和膨润土类黏结剂加入到饲料原料中，研究结果表明，随着烘干温度的升高，两种黏结剂黏合性能明显增强；当pH值处于4～6.2的范围时，黏结剂黏合性能没有明显变化；但当pH>7.45时，两种黏结剂的黏合性随着pH值的升高表现出逐渐增强的趋势。梁玮等（2010）对以海藻酸钠、壳聚糖与羧甲基纤维素钠用作黏结剂的鲟饵料的物化特性进行了考察，结果表明，采用经最优化工艺参数制的鲟饵料，挤出滚圆过程较少发生黏结，细粉产生少，包衣后颗粒圆整光滑。

张栋梁等（2007）以玉米淀粉和羧甲基纤维素作为黏结剂制备得到了颗粒大小为40目左右的植酸酶微丸，应用挤出滚圆制备的微丸干燥后的成品的酶活可达5000 U/g以上。

另外，还有一些黏结剂，如玉米蛋白不溶于水，需要先溶解在乙醇中。理想的饲料黏结剂应具有如下特点：一是对饲料中各种营养组分具有理想的黏着度，保证营养全价并防止散失减少粉化；二是容易制取，不妨碍饲料营养成分的消化吸收；三是具有较高的化学稳定性和热稳定性，不与饲料中的其他成分发生不利的化学反应；四是无毒、无不良异味，有良好适口性；五是用量少，易混合，成本低。黏结剂的选择应该考虑到饲料需要维持稳定性的长短、黏结剂的价格，以及有无适合的生产设备与条件保证全面的营养需求。

二、抗结块剂

抗结块剂也叫流散剂。其作用主要是使饲料和添加剂保持较好的流散性，防止结块。在生产加工过程中，饲料原料易吸湿结块或黏滞性强、流动性差，需添加少量流动性好的物质，以改善其流动性、防止结块，并有利于配料准确、混合均匀以及饲料的输送。抗结块剂一般附着在颗粒表层，使之具有一定程度的憎水性，防止粉状颗粒结块。因此，抗结块剂要求吸水性差、流动性好，对各种动物无毒无害、安全可靠。常见的抗结块剂多为无水硅酸盐和脂肪酸类，用量为0.5%～2%。应用较普遍的防结块剂有二氧化硅及硅酸盐、天然矿物、硬脂酸钙、硬脂酸钾和硬脂酸钠等。

海泡石是一种纤维状富镁黏土矿物，灰白色，有滑感、无毒、无臭，具有特殊的层链状晶体结构和热稳定性、抗盐性，脱色吸附性强，有除毒、去臭、去污能力，有很好的阳离子交换和流变性能，比表面很高。通过吸着和半吸着作用，海泡石能滞留多种液体物质，充当抗结块剂，控制混合物的湿度或包住产品的表面使呈流态，容纳大量水分或极性物质的孔隙。天然海泡石可滞留相当于其本身重量2～2.5倍的水。加热至300 ℃时，吸附性减弱。在肉鸡饲料中添加1%的海泡石，体增重增加，腹部脂肪相对重量、血清中的胆固醇和甘油三酯水平降低，对饲料转化率和胴体品质无不良影响。

三、稳定剂和乳化剂

稳定剂是可以使溶液、胶体、固体和混合物的稳定性能增加的化学物。它可以减慢反应，保持化学平衡，降低表面张力，防止光、热分解或氧化分解等作用。研究以对虾饲料为对象，选择大豆油为连续相，添加维生素C、维生素A和胃蛋白酶，以转速为150 r/min的速度进行机械搅拌，持续15 min左右的时间。然后添加不同组合的分散剂，发现单硬脂酸甘油酯和山梨醇酐单硬脂酸酯的组合可以使体系的稳定性达到最佳状态。

乳化剂是一种表面活性剂，具有亲水和亲油的双重性质。在油水界面处，分子在亲水部分指向水相，亲油性部分指向油相。在油水界面聚集，降低了界面的张力，促进乳状液的形成。乳状液形成后，乳化剂分子在水滴或油滴表面作为载体，阻止液滴聚合使乳状液达到稳定。在动物体内，胆汁酸盐有促进饲料乳化的作用。但是，动物自身分泌的胆汁往往达不到完全乳化饲料中脂肪的效果。幼龄的畜禽因消化道发育还不完善，不能分泌足够的胆汁；肉鸡消化道比较短，食糜在消化道不会长时间停留，因此油脂乳化不够彻底；水产动物消化道更短，而且它们大部分是没有胃的，其胆汁的分泌也不充足。所以，如果想要达到更好的饲养效果，饲料中添加适量的乳化剂是很好的选择。

乳化剂一般都具有共有的特征，主要包括：第一，呈粉末状，无论是添加还是使用起来都比较方便；第二，可以在常温下进行乳化反应，而不需要特殊的乳化设备的帮助，且酸碱环境的影响不是很明显；第三，乳化速度快且可达到预期效果；第四，是与国家或有关组织规定的饲料添加剂的安全标准和卫生标准相一致的。

目前，在实践中应用到的乳化剂数量达到 10 种，比较常用的有甘油脂肪酸酯、丙二醇脂肪酸酯、蔗糖脂肪酸酯、山梨醇脂肪酸酯、聚氧乙烯脂肪酸山梨糖醇酯、聚氧乙烯脂肪酸甘油酯、胆汁酸盐类等几种。其中，一些食品中用到的乳化剂也都可以作为饲料乳化剂来使用。乳化剂的添加量通常为油脂的 1% ~ 5%。商品化的乳化剂一般由几种乳化剂按照一定的比率组成，不同乳化剂之间相互作用而发生反应。磷脂产品有精制卵磷脂、改性磷脂、氢化磷脂、复配磷脂、脱色磷脂及粗制磷脂等。将磷脂分别提纯为脑磷脂、肌醇磷脂和卵磷脂，并进行深度加工。其乳化性能高于其他类型的乳化剂，并能促进动物体内脂肪的运输，是一种天然的促进动物健康的物质。选择外源添加乳化剂时要有针对性，乳化剂有植物性油脂、动物性油脂及混合油脂，其比例和成分比较复杂。纯植物油的饲料里可以添加针对植物油乳化效果好的乳化剂，混合油就要选择复合型乳化剂。

大豆磷脂是大豆油生产过程中毛油水化脱胶的副产物经进一步脱水、纯化处理而得，是一种天然乳化剂。纯净的大豆磷脂在高温下是一种白色固体物质，由于精制处理和空气接触等原因而变成淡黄色或棕色。在饲料中的应用：一是提高饲料的营养价值，改善饲料的适口性；二是有助于动物对油脂和脂溶性维生素的消化吸收；保护饲料中的不饱和脂肪酸；三是提高制粒的物理质量和产量，减少饲料在挤压成形时的粉料损失和能量消耗；四是降低挤压膨化设备的磨损；五是防止粉尘飞扬以及饲料自动分级，提高饲料的混合质。在小牛代乳料、仔猪奶等液体饲料中，磷脂可以起到有助于乳化液形成并使之稳定的作用。钱建中（2006）用混合脂肪酸或混合脂肪酸乙酯流化所得流质浓缩磷脂，再与 50% 豆粕和 50% 硅藻土组成的载体混合生产磷脂预混饲料，可代替大豆浓缩磷脂喂养虾及蛋鸭，其生长速度明显加快。

四、其他物性改良剂

每一种物性改良剂的特性都不是单一存在的，而是在多种特性的共同作用下发挥作用的。因此，当饲料中添加了物性改良剂后，其功能也是全方位的。也就是说某种物性改良剂可以在具备黏结作用的同时，又具备了抗结块、乳化和稳定的作用。

大豆卵磷脂是饲料添加剂中应用最广的乳化剂，是构成细胞生物膜的基本组成成分，具有较高的营养价值和生理调节机能。而且，作为一种天然的表面乳化剂，具有乳化、分散、润湿、速溶、脱膜、分离等作用。同时，又提高制粒的物理质量和产量，减少饲料在挤压成形时的粉料损失和能量消耗。

黄原胶是由植物的细菌性病害甘蓝黑腐菌——黄单胞菌在特定的培养基、pH、通氧量及温度下代谢而获得的一种胞外多糖胶质，可以作为稳定剂、乳化剂、增稠剂、黏结剂等。

膨润土是以蒙脱石为主的含水黏土矿，具有良好的吸水膨胀性、黏结性、吸附性、催化活化、触变性、悬浮性、可塑性、润滑性和阳离子交换性等性能，因而它被用作黏结剂、吸收剂、吸附剂、填充剂、催化剂、触变剂、絮凝剂、洗涤剂、稳定剂、增稠剂等。其中，膨润土可分为钠基膨润土（碱性土）、钙基膨润土（碱土性土）、天然漂白土（酸性土或酸性白土），钙基膨润土又包括钙钠基和钙镁基等。

海泡石就是一种既可以作为抗结块剂又可以作为饲料黏结剂的物质，与磺化木质素等相比，用海泡石作饲料黏结剂的效果更好一些。用海泡石做成球粒状的饲料，用于鱼、禽、畜等的喂食，且保持在低温环境下使用，对提高饲料颗粒的硬度是很有帮助的。从另一个角度来说也就是，在运输过程中如果采用的是散装运输方式，还可以在一定程度上防止饲料被压碎而产生粉末，这样也就使压膜的寿命得到自然延长。

五、物性改良剂存在的问题及应用前景

在饲料中添加物性改良剂的主要作用是阻止养分的过分流失甚至达到零流失。不过有一点需要注意，那就是添加的物性改良剂的价格在一定程度上严重影响了饲料的生产成本。因此，在饲料中添加物性改良剂，应选择那些天然的、可降解或可再生的物质，这不管是对环境还是从成本考虑都是有利的，都是首选。

目前没有一种改良剂是全能的，可以满足所有要求。关于这方面的研究仍在持续深入进行。在生产实践中，要根据成本、目的、效果、养殖对象的不同而选择最为合适的改良剂。应依所需饲料生产特点和养殖生产过程中的特殊性，有选择地使用综合性能比较优越的改良剂，以提高经济效益。

第三节　天然植物提取物

植物提取物饲料添加剂（Phytogenic Feed AdditiVe）是从植物中提取的，活性成分明确、可测定、含量稳定，对动物和人类没有毒副作用，能促进动物生长、提高机体免疫力、预防疾病发生。天然植物提取物最初被应用于饲料中是因其香味可影响养殖动物的采食习惯，促进唾液和消化液分泌，提高采食量。随着研究的深入，植物提取物中的化学活性物质黄酮类、生物碱类、挥发油类、皂苷类和多糖等本身具有双相调节性、提高机体非特异性免疫力、激素样作用、调节机体新陈代谢、抗菌、抗病毒、毒副作用小、无耐药性、抗应激作用等多功能性，在动物饲料中应用直接表现为促进动物生长、提高生产性能、提高机体免疫力预防疾病发生、改善畜产品品质。植物提取物中的生物碱类是含氮的碱性有机物，多数有复杂的环状结构，是中草药中重要的有效成分之一；植物提取物多糖通过非特异性免疫加强作用，可通过促进细胞因子的生成、激活 NK 细胞、激活补体系统、促进抗体产生，从而提高动物机体的抵抗力，预防疾病的发生；皂苷、黄酮类是很有发展前途的化学成分，具有重要的药理作用。当今世界上各畜牧业发达国家已经严格控制抗生素类饲料添加剂的使用，天然植物提取物饲料添加剂就是一个抗生素的替代品。它以抗病毒、抗应激、抗氧化、提高机体免疫等功能强、环保等优点，引起了广大科研人员和养殖者的重视。植物提取物饲料添加剂已成为研究和开发新型的能够完全或阶段性替代抗生素的饲料添加剂。

一、杜仲叶提取物

（一）来源

杜仲（Eucommiaulmoids Oliv）是我国特有的木本植物和经济林树种，广泛分布于我国长江、黄河中上游地区的 20 余省市，其资源相当丰富。杜仲叶是一种天然的中草药饲料添加剂，主要成分为绿原酸、多糖、黄酮等功能性物质。每株杜仲树年产杜仲干叶 2000 g 左右，目前全国杜仲面积已达 500 多万亩，按此计算我国每年生产的杜仲叶浸膏粉饲料添加剂数量是非常可观的。

（二）功能

1. 促进生长性能

杜仲叶中的有效成分能促进消化器官成熟及消化液分泌，包括绿原酸具有的肾上腺素类作用；能显著提高肉雏鸡的成活率、平均体重；提高蛋鸡的产蛋性能；改善养殖草鱼的生长性能；提高仔猪等动物日增重；降低发病率和死亡率。

2. 抗氧化功能

日粮中添加杜仲叶提取物，可以显著增加肉鸡血清及肝脏的抗氧化酶活力和抗超氧阴离子含量而使其总抗氧化力得到显著提高，并使脂质过氧化产物 MDA 含量明显下降，从而有效地保护了肉鸡免受氧化应激。

3. 免疫功能

杜仲叶对细胞免疫具有双向调节作用，能激活单核巨噬细胞系统和腹腔巨噬细胞系统的吞噬活性，增强机体的非特异免疫功能。能使免疫力低下的荷瘤小鼠外周血液中的 T 淋巴细胞增殖、T 淋巴细胞百分率提高，增强荷瘤小鼠腹腔巨噬细胞吞噬功能。

4. 抗菌消炎、抗病毒作用

杜仲叶中含有大量的绿原酸，具有较强而广泛的抗菌消炎与利胆、止血及增高白细胞数量的作用。另外，体外抑菌试验表明，杜仲（叶）煎汁对可以引起身体急性症状的细菌有一定的抑制作用。

5. 提高和改善肉、蛋品质及风味作用

家禽冠鲜红，精神饱满，体格健壮，皮肤色泽悦目，肉、蛋的风味鲜美醇厚，优于使用化学药物添加剂的家禽风味。冷向军等（2008）试验证明，杜仲叶粉不仅可以提高鲤鱼的营养价值，还可以使肉质更加鲜嫩可口。

（三）生产工艺

目前，国内大部分生产杜仲叶提取物是采用提取精制工艺，釜罐式超声提取、真空浓缩成套设备是以超声波提取罐、真空浓缩器为主体设备，配备过滤、有机溶剂冷凝回收、油水分离器、在线清洗等辅助系统，组成一套先进的中药和天然药物提取、过滤工艺。该工艺适合于中试试验或小批量的中药和天然产物提取生产。

（四）使用方法

1. 家禽饲料

王介庆在家禽饲料中添加 0.5% 的杜仲活性物质提取液，一个月后，鸡平均增重 1.75 kg，比不添加组增重明显，而且还提前产蛋，品质较高。

2. 猪饲料

添加杜仲提取物可替代抗生素，改善仔猪的生产性能，降低成本。李金宝等（2013）在不添加硫酸黏杆菌素和吉他霉素的 21 日龄断奶仔猪保育料中添加 250 mg/kg 的杜仲提取物，一段时间后仔猪增重明显。

3. 兔料

王介庆选取 20 只体重相近的一个月大小的獭兔进行实验，将它们分为两组。试验组每只加服 20 mL 杜仲提取液，每天喂养 2 次，其他条件与对照组完全一致。一个月后，实验组兔子重量明显增长且毛色发亮。

4. 水产饲料

冷向军等研究杜仲叶对草鱼生长、血清非特异性免疫指标和肉质的影响。结果表明，饲料中添加杜仲叶或提取物后对鱼的肉质和生长都有明显提升。另外，还知道的是绿原酸能够增强机体免疫力，对细菌性疾病具有较强的预防作用。

二、苜蓿提取物

（一）来源

我国种植苜蓿已有 2000 多年的历史。紫花苜蓿是一种多年生豆科植物，具有适应性强、生物固氮能力强、易于家畜消化等特点，自古就有“牧草之王”的美誉。分布范围较广，其中甘肃省种植面积居于首位，占到全国总种植面积的一半左右。而在世界范围内又以美国的种植面积最大，接近总种植面积的 30%。

（二）功能

苜蓿中含有多种生物活性成分，其根、茎、叶中含有一定量的苜蓿皂苷、苜蓿黄酮、苜蓿多糖。从苜蓿中提取的具有独特生物学活性的物质，化学结构复杂，主要功能包括以下几个方面。

1. 促进生长

苜蓿中含有生长因子及营养物质种类多样，其中的黄酮类化合物含有的抗菌成分比较广泛，可作为优良的植物性免疫促进剂使用，还可以调节肠胃的微生物环境，促进消化。苜蓿皂苷是固醇或三萜类化合物的低聚苷的总称，可改进动物的营养代谢、提高机体免疫力并增强肉的质感。可见，适量的添加剂能促进动物的生长，加快营养物质的代谢合成。

2. 抗氧化作用

朱宇旌研究表明，苜蓿提取物中的苜蓿黄酮是由多种酚类物质组成，从而提高机体的抗氧化能力，减少自由基对生物膜的损伤。膳食纤维的抗氧化机制可能是因为它能够干扰胆汁酸的吸收和合成，影响胆汁酸的代谢及增加粪中脂肪的排出量，从而降低血清脂质，减少组织中脂质储积，进而减轻机体脂质过氧化反应。苜蓿皂苷具有抗胆固醇、抗动脉硬化的活性，可防止肾上腺素的氧化，并有轻度雌激素样作用。

3. 免疫功能

水溶性苜蓿多糖对体外培养的肉仔鸡淋巴细胞增殖的影响研究表明，水溶性苜蓿多糖可明显提高外周血T淋巴细胞的增殖，增强肉仔鸡的细胞免疫功能；在一定的浓度范围内，随着水溶性苜蓿多糖浓度的增加，对淋巴细胞的刺激作用增强，而达到一定浓度则又会降低刺激作用。可以推测，苜蓿多糖可能是通过刺激淋巴细胞的增殖来提高动物机体的抗病能力。

4. 提高肉和蛋的品质

詹玉春研究表明，苜蓿提取物能降低对虾肌肉中脂肪含量，能够改善对虾的肌肉嫩度；王长康等研究表明，苜草素对提高蛋鸡的生产性能和改善蛋的品质有一定的促进作用。

5. 具有多种药理活性

苜蓿提取物中的苜蓿皂苷具有多种药理活性，可降低胆固醇，防治心血管疾病，而且还具有降血压、抗菌、消炎、退热、镇痛等功效。苜蓿皂苷同胆固醇可形成复合物，有助于降低鸡的血浆胆固醇含量。饲喂含胆固醇的饲草也可以降低皂苷的抑制生长作用，皂苷同胆汁排出的内源性胆固醇结合，从而阻止胆固醇的重吸收，导致血浆胆固醇降低。由此可以看出，添加苜蓿总苷可改善机体脂类代谢，有益于人类及动物的身体健康。

（三）生产工艺

近年来，对苜蓿提取有效活性成分的工艺条件研究较多，不同工艺条件下苜蓿提取的物质活性成分不同。主要有醇提取法、热水提取法、酸提取法、碱提取法、超声波提取法、微波提取法和酶提取法、超临界萃取法等。而由于设备技术和投资、环境等因素，在生产中仍以设备简单、操作方便、适用面广的传统工艺为主。

（四）使用方法

1. 苜蓿提取物在家禽生产中的应用

家禽日粮中添加苜草素对蛋鸡体内的脂质代谢有调节作用，可以显著降低全蛋中的脂质含量，苜草素1500 mg/kg剂量组显著增加血清脂蛋白脂酶的活性，这表明苜草素具有明显的降脂作用。

2. 苜蓿提取物在猪生产中的应用

王彦华在仔猪日粮中添加0.25%的苜蓿皂苷，可使仔猪日增重明显提高。而随着添加量的适度增加，还可在一定程度上降低仔猪腹泻的发生率并提高对粗脂肪和纤维的消化率。

三、大豆黄酮

(一) 来源

天然大豆黄酮主要存在于豆科牧草植物中，如大豆、苜蓿、三叶草中的含量比较高，特别是成熟的大豆种子中含量较高；也存在于豆类、牧草、谷物、蔬菜等植物中，来源丰富。

(二) 功能

1. 生产增加

大豆黄酮的作用机理是可以抑制某些参与调节细胞增生和信号传导的酶的活性，间接地改变细胞的生理功能，从而起到对机体的调节作用，以达到使动物生长的目的。而在母鸡产蛋后期使用添加大豆黄酮的饲料进行喂食，可提高产蛋量。

2. 繁殖能力增强

大豆黄酮具有和雌激素类似的作用，它能够调节机体的神经内分泌，影响机体的激素分泌水平，从而降低卵泡闭锁、增加排卵率和产仔数，对家禽繁殖机能具有调控作用。

3. 促进免疫功能的增强

大量研究表明，大豆黄酮对机体的细胞免疫、体液免疫和非特异性免疫都有一定的作用。血液红细胞、白细胞显著升高，胸腺、脾脏重量也有所提高，能够提高奶牛血清和乳中特异性抗体水平。

4. 增强抗氧化能力

它可使血液和组织中的抗氧化酶活性增强，脂质过氧化物水平下降。而且，在体内还可促进抗氧化酶的分泌，抑制脂质过氧化，保护动物免遭氧化应激的损伤。

5. 提高畜禽品质

蛋鸡饲料中添加茶多酚和大豆黄酮均能显著降低蛋黄中胆固醇和甘油三酯的含量，并能显著提高鸡的产蛋率；同时，还能抑制蛋黄中脂质过氧化物的形成。

6. 对动物具有抗肿瘤功能

辛天荣等研究表明，大豆异黄酮明显使血清活力及大脑和海马中氨基酸神经递质含量显著提高。严森祥等报道，染料木黄酮可直接抑制离体培养肿瘤细胞。

7. 大豆黄酮提高动物机体抗热应激能力

对因热应激引起的免疫器官损伤具有保护作用，说明大豆黄酮不仅可以通过直接提高抗体水平来增加特异性免疫能力，而且还可以通过促进脾淋巴细胞增殖来提高免疫能力。

（三）生产工艺

提取大豆黄酮的方法包括有机溶剂萃取法、超声波辅助法、酸解法、酶解法、反向逆流高效色谱法、大孔树脂吸附法、柱层析法、高速离心法、醇沉法、超临界萃取法等。目前，国内大部分生产大豆黄酮的企业广泛采用的是溶剂萃取法，萃取溶剂选用乙醇。这种方法是目前比较常用的方法，具有提取率高、含杂质少、无毒性、容易形成工业化生产的特点。提取物可以与溶剂分离、树脂吸附、重相分离、离心浓缩、絮凝沉淀、醇沉和膜技术结合使用，达到分离纯化的目的。

（四）使用方法

刘杰在母猪的基础日粮中添加 15 mg/kg 大豆黄酮，直到哺乳期的第 7 天，结果表明，日粮中添加大豆黄酮对母猪繁殖性能无显著影响。

四、植物甾醇

（一）来源

植物油及其脱臭馏出物和加工副产物中含有较高的甾醇，大豆中甾醇含量高于 100 mg/100 g，豆类加工后甾醇含量会降低。例如，豆奶粉中甾醇总量仅为大豆中的 50%，豆制品中甾醇含量约为 42.86 mg/100 g。有学者认为，豆类中甾醇含量与其碳水化合物含量有关，两者呈反相关的关系（韩军花等）。植物甾醇种类众多，从植物中已经确认鉴定出的就超过 40 种，最常见的植物甾醇包括谷甾醇、谷甾烷醇、菜油甾醇和豆甾醇等；而植物甾醇衍生物更是超过 250 种。

（二）功能

1. 对胆固醇代谢的影响

在人体内，植物甾醇对胆固醇的吸收有抑制作用，大豆甾醇能抑制血清胆固醇上升。植物甾醇和核糖蛋白结合后，能促进动物性蛋白质合成，有利于动物的生长与健康。在动物体内，植物甾醇的作用与激素类似，具有一定的激素活性，能促进动物的生长，但无激素的副作用。其作用机理为结合靶细胞受体，进一步激发 DNA 的转录活动，不断复制新的 mRNA，从而引导蛋白质合成。

2. 抗氧化功能

β-谷甾醇可抑制超氧阴离子，并清除羟自由基。在油脂中加入 0.08% 植物甾醇能最大限度地降低油脂的氧化，并且其抗氧化能力随着浓度的上升而增强。尤其是与维生素 E 或其他抗氧化药物联合应用时，其抗氧化效果可与之协同，产生更强的叠加效果。

3. 类激素作用

植物甾醇与合成甾体类激素的肾上腺、肝脏、睾丸和卵巢等组织有高度亲和性，因此认为，它可作为甾类激素的前体来合成甾体类激素。β-谷甾醇可降低鱼的血浆性类固醇激素、胆固醇水平和体外性腺类固醇水平。在饲料中长期添加 β-谷甾醇，不孕雌性水貂减少，而成功再生的数量显著增加。

4. 抗菌消炎作用

谷甾醇有类似于氢化可的松和泼尼松等皮质类固醇激素的较强的抗炎作用，其对由棉籽酚移植引起的肉芽组织生成的水肿都表现出了强烈的抗炎作用。谷甾醇的退热镇痛作用与阿司匹林类似，具有明显的抗炎和退热作用，且无传统抗炎退热药物的副作用，因而可作为辅助抗炎症药物而长期使用。此外，植物甾醇改善动脉粥样硬化病变的功能也可能与其抗炎作用有关。

5. 提高家禽的抗应激能力

谷甾醇可提高家禽的抗应激能力，同时具有安定镇静作用。

6. 提高生产性能和改善肉、蛋质量

在日粮中添加植物甾醇，可以提高肉仔鸡饲料转化效率和断奶仔猪的生产性能，降低料肉比。泌乳前期奶牛补饲一定量的植物甾醇能够提高产奶量，并改善乳成分，使乳脂率、乳蛋白率、非脂固形物分别有不同程度的提高，而体细胞数、乳尿素氮含量分别出现不同程度的下降；同时，可以平衡能量和蛋白的摄入，提高奶牛的产奶性能。

（三）生产工艺

油脂下脚料中提取甾醇一般是由两步构成。首先，从原料中提取甾醇为主的不皂化物；然后，利用相关物理、化学或者二者结合方法从不皂化物中精制植物甾醇。

目前，国内大部分企业生产植物提取物都是采用提取精制。工业精制工艺包括：溶剂结晶法、络合法或两种方法的结合，还有用湿润剂乳化分离法。实验室精制甾醇常采用的方法是干式皂化法、酶法、分子蒸馏分离法等。

1. 溶剂结晶法

利用植物甾醇类化合物在溶剂（单一或混合系统）中溶解度的差异，进行多级分步结晶；由于植物甾醇单体之间的溶解性差异较小，因而选择合适的溶剂和操作条件是实现有效分离的关键。

2. 络合法

利用甾醇和其他物质络合生成络合物，并依据络合物的溶解度差异来提取植物甾醇。该工艺是将脱臭馏出物进行皂化、酸分解、萃取、络合反应、分离络合物和络合物分解制得甾醇粗品，获得甾醇精制品再脱色、结晶。络合法产品纯度高，回收率也较高。

3. 酶法

提取豆甾醇的原理是采用一种固定化非特异性脂肪酶对脱臭馏出物的酯化过程进行催化，使脂肪酸甲酯的转化率提高，因而通过回收易挥发的脂肪酸甲酯可以提高植物甾醇的纯度和回收率，被认为是提取豆甾醇的一个新的发展方向。

4. 分子蒸馏法

特别适用于实验室精制，也可用于工厂同时提取和分离甾醇、维生素E。在极高真空度下，利用混合物中分子运动自由程的差别，使物体在远低于其沸点的温度下分离；采用不同的吸附剂分离脱臭馏出物中的甾醇。

5. 干式皂化法

指用熟石灰或生石灰在60～90 ℃皂化后直接用机器粉碎膏状物，然后经过萃取、浓缩得到甾醇粗制品，再经过洗涤、脱水即可得甾醇精品。

第四节　功能性寡糖饲料添加剂

随着人们对食品和环境质量要求的不断提高，抗生素带来巨大经济效益后面所隐藏的弊端日益受到人们的关注。因此，很多国家和地区都对抗生素的使用进行了愈来愈多的限制，这使人们努力开发具有促生长作用的替代品。从20世纪80年代以来，人们重新研究认识了非消化性碳水化合物和非消化性寡糖在营养上的价值。在日本，寡糖应用在婴儿和仔猪中已比较普遍，欧美等一些发达国家和地区已将寡糖广泛应用到仔猪料中。我国20世纪90年代后期才接触这类饲料添加剂，目前一些企业也开始小批量生产。

一、寡糖的来源

寡糖来源非常广泛，存在于细菌、原生动物、真菌和植物等中。例如，甘露寡糖主要来源于酵母细胞壁提取物；果寡糖在3万多种植物中天然存在，其中，菊芋块茎中含量最为丰富，占块茎干重的70%～80%；壳寡糖主要来源于海洋动物等；木寡糖在竹根、水果、蔬菜、牛乳和蜂蜜中天然存在。根据寡糖的生物学功能，可将其分为普通寡糖和功能性寡糖两大类。普通寡糖包括蔗糖、麦芽糖、海藻糖、环糊精及麦芽寡糖等，它们可被动物消化吸收并产生能量；功能性寡糖则不被肠道消化吸收，不能被有害菌利用，但能促进有益菌的增殖，有利于肠道健康，主要包括果寡糖、甘露寡糖、半乳寡糖、大豆寡糖、木寡糖、异麦芽寡糖、壳寡糖等。

二、寡糖的作用机理

寡糖的作用机理主要表现在它的功能上，主要是：促进机体肠道内有益微生物菌群的形成；结合、吸收外源性病原菌；调节机体的免疫系统。

（一）改善肠道微环境，阻止有害菌生长

寡糖可作为营养物质被双歧杆菌、乳酸杆菌以及拟杆菌有益菌等代谢利用，而梭状芽孢杆菌、真细菌和大肠杆菌等有害菌对其代谢利用率很低。有益菌代谢产生的丙酸是黏膜代谢的主要能源物质，具有促进正常细胞形成的作用。寡糖能显著增加动物的肠绒毛高度和肠壁厚度。寡糖与动物肠内壁细胞表面的受体结构相似，在肠道竞争性地与病原菌细胞表面的外源凝血素结合，抑制了病原菌在肠道的定植与繁育。

（二）提高机体抗病能力

寡糖通过促进双歧杆菌等有益菌增殖，促进B淋巴细胞的分裂和分泌抗体，诱导多种具有免疫活性的物质（如干扰素、白细胞介素）的mRNA表达，增强巨噬细胞活性，并有助于与抗氧化有关的Zn、Ca、Se等微量元素的吸收，从而提高动物体液及细胞免疫能力。寡糖也可以充当免疫刺激因子，能提高药物或抗体免疫应答能力。此外，寡糖还可作为外源抗原佐剂，减缓抗原吸收，增加抗原效价，进而提高机体免疫力。

三、寡糖的消化和代谢

哺乳动物对碳水化合物的消化主要限制于糖苷键，其产生的内源性消

化碳水化合物的酶（如唾液淀粉酶）对其他糖苷键的分解能力较弱或不能分解。由于不能被降解成单糖，因此这些寡糖基本上不能被小肠吸收，而直接进入小肠后部、盲肠、结肠、直肠。寡糖能够被消化道后部寄生的微生物选择性地作为营养基质，最后被微生物降解为挥发性脂肪酸、二氧化碳等。但当动物摄入过多的寡糖时，还会产生一定的副作用，包括消化道后部寄生的微生物发酵过度，食物通过消化道加快，产生软粪；严重时，动物产生下痢等。

四、寡糖的应用效果及影响因素

（一）应用效果

杨曙明综述国内外试验认为，饲料中添加少量的寡糖产品，可以显著提高动物的增重、饲料转化率和机体的健康状态。但由于寡糖种类来源、动物种类、饲养环境条件的不同，研究结果存在一定的差异性。

（二）对寡糖应用效果产生影响的因素

1. 寡糖的种类

寡糖的种类有很多，由于种类不同其作用效果也会存在一定差异。

例如，甘露寡糖不能作为双歧杆菌的增殖因子，这是因为它的主要功能是吸附有害菌、毒素，但是还会对动物机体的免疫系统带来伤害。目前，针对其他大多数寡糖对免疫系统是否会有影响还没有得到研究确定。

现在实际中所使用的寡糖产品大多数都是混合物，产品中不同的寡糖种类、同种寡糖不同聚合度、单糖、多糖及非糖类物质等可能是使试验结果产生不一致现象的主要原因。

2. 寡糖的添加量

寡糖要想发挥应有的效果，添加量是需要重点进行考虑的。如果达不到添加的要求，就无法达到应有的增殖效果；而如果添加的剂量超过要求的范围，在增加喂养成本的同时也无法达到预期目标，严重的还会对动物造成腹泻的影响。现在市面上应用的寡糖大都是经过生物酶法合成而来的，转化率没有那么高。例如，我国开发的第一代低聚果糖的有效含量在30%左右，如果想要达到比较高的应用效果，还需要采取相应的措施才可以实现。

3. 日粮组成

目前，有关饲料中天然寡糖对动物生产性能影响的报道不是很多。事实上，玉米中寡糖含量很低，但大麦、小麦、大豆产品中非消化糖类很多，如棉籽糖和水苏糖等，因此，大麦、小麦、大豆产品寡糖的“掩盖或稀释效应”可能对试验有影响。因此无寡糖日粮在这方面的研究就显得非常必要。

4. 动物种类

动物由于种类的不同，其消化道结构和功能也存在一定的差异，因此寡糖对其的作用也表现出很大的区别。例如，寡糖的存在可以适量增加家禽消化道内的双歧杆菌数量，并显著提高其生产性能。但研究显示，寡糖的存在并不能使猪的消化道菌群和生产性能有明显的变化。

5. 动物年龄

动物年龄和生长发育阶段不同，消化道菌群也有很大变化。例如，大量研究已经表明，仔猪断奶后，由于饲粮的变化、自身免疫水平下降等原因，肠道菌群也发生改变，总趋势是大肠杆菌等致病菌浓度上升，而乳酸菌明显下降，许多学者研究结果表明，断奶后大肠杆菌等致病菌浓度上升是导致仔猪腹泻的主要原因之一。因此，在此阶段添加寡糖效果更好。[1]

6. 饲养环境

在良好的饲养环境条件下，在日粮中添加寡糖的效果是不明显的，这是和有关有机酸、抗生素、益生素等添加剂的有关报道相同的。研究显示，只有在生产性能受肠道因素影响较大时，才可以明显地表现出对生长方面的促进作用。

7. 与抗生素共同使用

在商品猪养殖场比较常见的现象有大肠杆菌性腹泻引起的生长受阻，针对这种情况虽添加适量抗生素可使症状得到一定的缓解，但不能达到彻底消除的目的。有研究显示，在寡糖和抗生素共同作用下效果可以得到显著增强。

五、寡糖的生产、分离和使用方法

（一）寡糖的生产方法

目前，获得天然多糖的途径主要有酶解多糖、从天然产物直接提取，然后经过化学合成或酸水解等，常见的方法主要有以下几种。

1. 酶催化反应法

这是寡糖制备中应用最普遍的一种方法。酶催化反应的特点是具有立

[1]研究显示，生长猪对寡聚糖的添加需要一个适应过程，在断奶仔猪日粮中添加寡果糖或寡聚糖，结果发现前3周对生长有抑制作用，但后3周有促进作用，弥补了前3周造成的损失。

体特异性和区域选择性，主要表现在对用到的反应底物、糖苷键的类型甚至是位置等均具有特殊要求。其中，淀粉类、蔗糖和乳糖等是合成寡糖的重要原料来源，最后合成的酶主要有3大类，分别是糖基转移酶、糖苷水解酶及磷酸化酶。随着近些年人们对酶工程的研究发现，如果将糖苷水解酶的基因进行改造，最后获得的就是糖苷合成酶，这种技术在寡糖制取过程中的应用促进了寡糖产量的大幅增长。

2. 天然原料提取法

天然原料中寡糖含量相对较低，从中提取寡糖产品就显得有些费力。袁美兰、武卫红和杨继远等用此法实验获取的寡糖有从大豆中提取的低聚糖，从宝塔菜、地黄或大豆种子等提取的水苏糖，从甜菜糖蜜或脱毒棉粕提取的棉籽糖，从菌体提取的黑曲霉寡糖和从鲜地黄中提取的筋骨草糖等，种类丰富多样。

3. 化学合成法

有关寡糖的化学合成方面的研究进步不是很明显，究其原因主要是因为合成步骤复杂且最后获得的成品又不满意。化学合成法主要是基于单糖分子合成的，每个单糖分子由多个羟基组成，而这些羟基都可以与其他单糖分子的羟基发生反应并形成糖苷键。由此可以看出，在糖苷键的形成过程中，多步的保护与脱保护就显得很有必要了。另外，糖苷键的形成对区域和立体化学都有一定的选择性。这些因素都在一定程度上制约了寡糖的合成速度，使寡糖的获取难度增大。

寡糖化学合成要解决的基础问题包括合成策略的选择（供体键连或受体键连）、不同固相载体选择（可溶性和不溶性）、不同的连接臂选择以及多种糖基化试剂选择等。三氯乙酰亚氨酰法是现代寡糖合成中的常用方法，还有另一种较常用的方法是以硫代异头碳作为合成糖苷键时的糖基给体。

4. 酸水解法

这种方法在实际中不经常用到，主要是因为该法反应条件比较苛刻，而且产物复杂，且产出率低。有报道称，用酸水解法从夹竹桃提取的多糖中得到3个低聚半乳糖。

（二）寡糖的分离、纯化

寡糖的分离纯化方法很多，于广利等专家和学者对寡糖的分离纯化进行了深入的探讨和研究。传统柱层析法的固定相有活性炭、硅胶、凝胶、离子交换树脂等。石墨化碳柱液相色谱、阴离子交换色谱和亲水作用色谱是寡糖分离中最常用的色谱技术。随着色谱技术的发展，目前可用于寡糖分离的色谱技术还包括反相色谱、毛细管电泳以及凝集素亲和色谱和电泳印记法等。反相色谱的分离对象通常为衍生化的寡糖样品。高效毛细管电泳可用于分离各种寡糖及其异构体。凝集素亲和色谱是利用凝集素与特异性糖基专一结合的特性实现寡糖分离。电泳印迹法多用于酸性寡糖纯化。

总的来说，寡糖混合物的分离是目前寡糖研究的重点内容。由于寡糖结构复杂多样，有些甚至在化学组成上还是类似的，存在多种可能的异构体，所以对其进行分离存在一定难度。今后对这方面的研究重点将是有针对性地对不同结构、不同性质的寡糖采用不同的分离方法，几种方法联用将会成为发展方向。

（三）寡糖的使用方法

功能性寡糖应用在动物生产中取得良好效果的报道很多，但也受到寡糖种类与剂量、日粮组成、动物种类等因素的影响，所以最终的效果也是有所差异的。

第五节　其他新型饲料添加剂

一、抗氧化剂

饲料中添加抗氧化剂能够阻止或延迟饲料中某些营养物质氧化，提高饲料稳定性和延长饲料贮存期。

氧化是导致饲料品质变劣的重要因素之一。饲料在贮藏期间由于一定的温度、湿度及空气的作用会产生氧化作用，使维生素受到破坏，脂肪物质氧化，产生对动物危害很大的毒性物质，严重影响饲料的适口性。食用了这类饲料会导致动物机体代谢紊乱，肝脏和肾脏中毒性营养障碍，妊娠母畜中毒等症状。

含油脂较多的单一饲料原料或全价配合饲料，如鱼粉、添加了油脂的饲料以及加入了维生素A、维生素D、维生素E等脂溶性维生素的饲料常常在贮存或运输过程中易与空气中的氧发生自动氧化。特别在高温高湿环境下，饲料中的铁、铜等离子更会促进氧化反应的进行。因此，在饲料生产中，使用抗氧化剂是防止饲料中营养成分氧化酸败和变质的有效途径之一。

第三章已经对抗氧化剂的种类以及安全使用做了介绍，抗氧化剂应该具备的条件如下：

（1）低浓度即应有很强的抗氧化作用。

（2）毒性小，本身及其代谢产物对人和动物健康无害。

（3）不应使饲料产生特异气味或颜色，降低适口性。

(4) 在饲料中易于测定，成本低。

天然饲用抗氧化剂有如下几种。

(一) 没食子酸

没食子酸又称五倍子酸，是天然的抗氧化剂，由五倍子、茶叶、橡树皮、石榴树根和其他植物中提取。

没食子酸是最强的抗氧化剂，在空气中特别在碱性条件下很快被氧化。由于其脂溶性差，因而在脂肪含量高的动物脂肪和油脂或动物性饲料原料中不能很好利用其抗氧化性能，仅能用于脂肪含量低的食品和配合饲料中。本品粉剂用于动物性脂肪或油脂，其添加量不应超过0.01%。用于畜禽配合饲料时，应充分混合均匀。

(二) 没食子酸丙酯

没食子酸丙酯（PG）又称五倍子酸丙酯，是由没食子酸和正丙醇经一系列反应制得的抗氧化剂。

没食子酸丙酯为白色或淡黄色或淡褐色结晶性粉末，或白色针状结晶，无臭，稍带苦味。对热稳定，有吸湿性，见光可促进其分解。在油和水中的溶解度均很小，易溶于乙醇、丙酮、乙醚。加工时注意不能和含 Fe^{3+} 的器具或水加在一起。

没食子酸丙酯可有效地抑制脂肪氧化，适用于各种畜禽配合饲料、含脂率高的饲料原料、动物性饲料及油脂等。对于含脂高的饲料，其抗氧化作用不如二丁基羟基甲苯、丁羟基茴香醚。本品与二丁基羟基甲苯、丁羟基茴香醚并用，并配合作用有机酸增效剂如柠檬酸，其抗氧化的效果显著增强。本品主要用于各种畜禽配合饲料。

本品商品制剂为粉剂，用于动物性脂肪或油脂，其添加量不应超过0.011%；禽配合饲料的添加量不超过200 g/t。

(三) 抗坏血酸

抗坏血酸又称维生素C，本类物质属于天然抗氧化剂。

抗坏血酸是一种白色或黄白色结晶粉末，无臭、稍咸，略带酸味，易溶于水，微溶于甘油，不溶于乙醚和三氯甲烷。

本品是生物活性很强的抗氧化剂，在体内既能以氧化剂形式存在，又能以还原剂形式存在。在谷胱甘肽还原酶的催化下，维生素C可使氧化型谷胱甘肽还原为还原型谷胱甘肽，使不饱和脂肪酸不易被氧化或使脂肪过氧化物还原，消除其对组织细胞的破坏作用。对于油脂或动物脂肪以及动物性饲料等有保护作用。维生素 C 还具有解毒功能，可减轻砷和重金属对肝脏的损害，抵抗细菌和病毒的感染。也可改善心肌功能，减轻维生素及泛酸等不足引起的缺乏症，还具有利尿、降压等作用。

本品是动物体内不可缺少的营养素之一，是一种安全性很好的抗氧化剂，具有营养性和非营养性双重功能。商品制剂有抗坏血酸、抗坏血酸钠、抗坏血酸钙及包被抗坏血酸。

（四）维生素 E

维生素 E 又称生育酚，是天然的抗氧化剂，是一种具有生物活性、化学结构相似的有机酚类化合物的总称。目前已知的至少有 8 种相近似的化学结构形式。

维生素 E 既是一种抗氧化剂，在体内还是生物催化剂。维生素 E 极易被氧化，因此它可以保护其他易被氧化的物质不被破坏，维生素 E 既是饲料的抗氧化剂又是消化器官的细胞抗氧化剂，故能阻止细胞内的过氧化。另外，维生素 E 还具有补偿作用，据报道，将维生素 E 添加到已氧化的脂肪中可以减轻甚至完全补偿腐败脂肪所造成的对生长和饲料转化比的副作用。

维生素 E 添加于饲料中可使蛋鸡的产蛋率、蛋的受精率和孵化率都有相应的提高。

维生素 E 为各国广泛用作食品和饲料的抗氧化添加剂，在脂肪和含油食品中应用最为广泛。

二、风味剂

（一）辣味剂

辣味剂是一类赋予饲料辣味的特殊添加剂。辣味剂主要被用于鸡、猪、牛饲料中，这些动物对辣味有一定的偏好。具有辣味的主要是辣椒素（capsaicin），又名辣椒碱、辣椒辣素，是辣椒中主要辣味成分，最早由 Thres 从辣椒中分离出来。纯品辣椒素为无色单斜长方形片状结晶，在乙醇、乙醚、苯与氯仿等有机溶剂中易于溶解，微溶于二硫化碳。辣椒素可被水解为香草基胺和癸烯酸，水解后呈弱酸性，并可与斐林试剂发生呈色反应。

将辣椒素作为健胃剂，具有增进食欲、改善消化机能等作用。辣椒素可促进肾上腺分泌儿茶酚，具有抗病毒、抗肿瘤和镇痛消炎作用。辣椒素还有驱虫、发汗等功效，可用于动物腹泻、炎症等疾病防治。在蛋鸡饲料中添加一定量的红辣椒粉，可提高其产蛋率。

大蒜油在某种程度上也属于辣香味物质的范畴，对动物有强烈的诱食性，从而使动物的采食量增加。在饲粮中添加一定量的大蒜粉，刺激动物的味蕾，能增进鸡、鸭、猪、牛等的食欲，增加其采食量。

（二）甜菜碱

甜菜碱有较强的诱食作用。研究证实，它对鲤、鲑、鳟、鳗、鲽等鱼类以及龙虾、罗氏沼虾等许多水生动物具有很好的诱食效果。此外，其诱食作用还表现在与一些氨基酸具有协同增效作用。

（三）动植物及其提取物

用蚯蚓作为诱食剂，可提高对虾的摄食量。据推测，蚯蚓浆液的诱食作用可能与赖氨酸、组氨酸和甘氨酸有关，因为蚯蚓中这些氨基酸含量较高。业已证实，枝角类、摇蚊幼虫、蛤子、牡蛎、鱿鱼、竹荚鱼、玉筋鱼、鲻肉、太平洋磷虾、桃江对虾、梭子蟹、丁香、田螺、蚕蛹、赤子爱胜蚓等动植物及其提取物，长鳍金枪鱼和乌贼的内脏消化物等，均有良好的诱食作用，主要原因是它们含有大量的氨基酸和核苷酸。

（四）磷脂

磷脂具有化学诱食作用，并可改善饵料的适口性，对水生动物有一定的摄食促进作用。

很多试验和研究证明，海藻对动物无毒副作用，作为饲料添加剂使用，能改进饲料的营养结构，并能提高饲料利用率。使用海藻还有一个较大的特点，就是能较好地改善动物的生产性能，提高动物产品的质量。由于海藻含有较高的碘，在奶牛和蛋鸡中使用3%～5%的海藻粉，可生产高碘牛奶和高碘鸡蛋，提高产品的档次。海藻及其提取物还较适宜在水产饲料中应用，不仅对多数鱼类有较好的促生长作用，还能改善鱼产品的品质，降低鱼体中脂肪含量，提高鱼肉的品质。由于海藻种类较多，资源较为丰富，使用较为安全和环保，因此海藻也是一种较有潜力和发展前景的饲料添加剂。

三、抗菌剂

（一）饲用土霉素

饲料用土霉素，也称地灵霉素、地霉素和氧四环素。分子式 $C_{22}H_{24}N_2$

O_9，相对分子质量 460.44。结构式为：

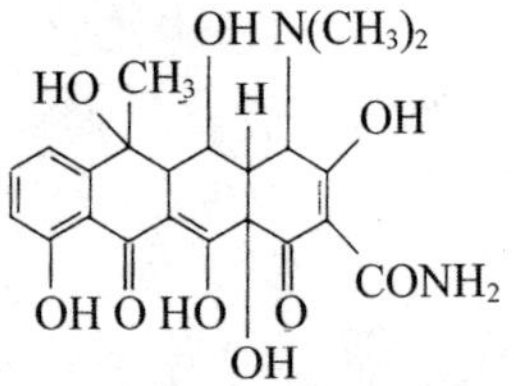

饲料用土霉素为淡黄色结晶性粉末，微溶于乙醇，极微溶于水。在碱性溶液中易破坏。熔点 181 ~ 182 ℃（分解）。在空气中稳定，遇光颜色渐暗。吸附在碳酸钙中的制剂为黄褐色粉末。

其盐酸盐为黄色结晶粉末，易溶于水和甲醇，略溶于乙醇，不溶于氯仿、乙醚。其水溶液在酸性条件下稳定，碱性条件下不稳定。熔点 190 ~ 194 ℃，无臭，味微苦。在室温下长期保存不失效，不变质。

生产工艺：将龟裂链霉菌放入发酵罐中发酵，等发酵完成后，向发酵液中加入碳酸钙，充分吸附，过滤，将所得固体干燥，制得吸附在碳酸钙中的黄褐色干燥粉末状的成品制剂。

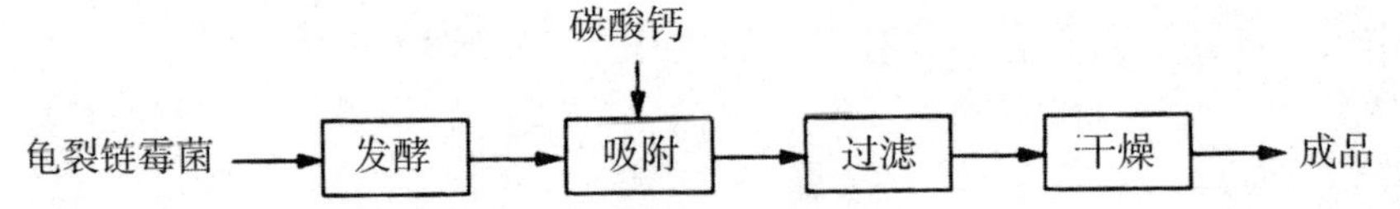

饲用土霉素对革兰阳性菌和阴性菌均有抑制作用，也作为促生长剂。用于 2 月龄以下的猪饲料，用量为 15 ~ 50 g/t；用于 4 月龄以下的猪饲料，用量为 10 ~ 20 g/t；用于鸡饲料，用量为 5.0 ~ 50 g/t，产蛋期禁用，停药期为 7 d。

（二）饲用金霉素

饲用金霉素，也称氯四环素，分子式 $C_{22}H_{23}AN_2O_8$，相对分子质量 478.88。结构式为：

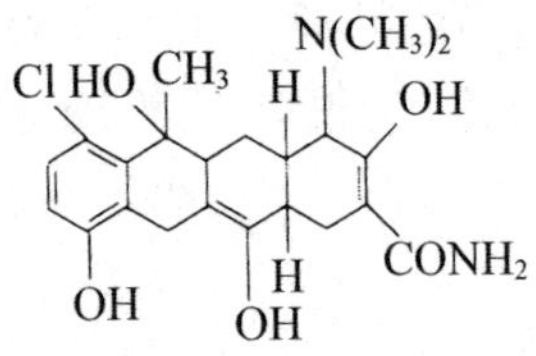

饲用金霉素为金黄色结晶性粉末，无臭，味苦。极微溶于水，溶于盐溶液。熔点 168 ~ 169 ℃（分解）。其盐酸盐在空气中稳定，遇光颜色渐暗。不溶于丙酮、乙醚、氯仿，微溶于水、甲醇、乙醇。

生产工艺：将金色链霉菌放入发酵罐，发酵完后将发酵液酸化、析晶、过滤。将过滤所得固体溶解于乙醇中，所得溶液经酸析后制得粗品。将粗品经溶解、成盐后，即制得饲用金霉素盐酸盐晶体成品。

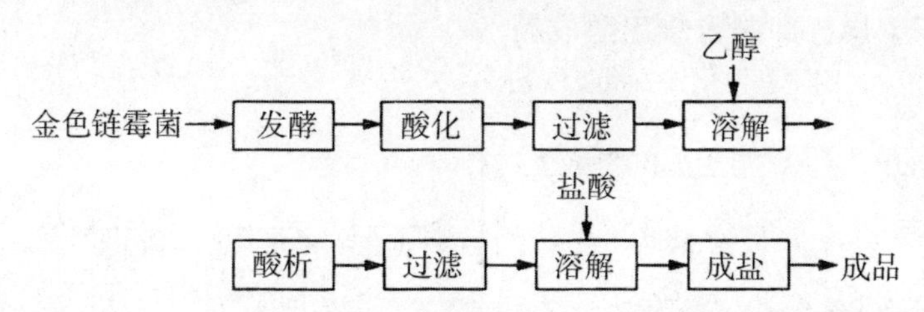

金霉素对革兰氏阳性菌和阴性菌有抑制作用，可治疗禽兽的伤寒之白痢等疾病。也作为促生长剂，用于猪饲料。用于10周龄以下的肉鸡饲料，用量20～50 g/t，停药期7 d。用于2月龄以下的猪饲料，用量25～75 g/t，停药期7 d。

（三）喹乙醇

喹乙醇（olaquindox），也称快育灵、奥拉金、倍育诺、喹酰胺醇，2-(*N*-2-羟乙基-氨基甲酰)-3-甲基喹喔啉-1，4-二氧化物。分子式$C_{12}H_{12}N_3O_4$，相对分子质量263.25。结构式为：

O
N　$CONHCH_2CH_2OH$
N　CH_3
O

喹乙醇为淡黄色结晶性粉末，无臭、味苦，熔点209 ℃（分解），溶于热水，微溶于冷水，几乎不溶于甲醇、乙醇和氯仿。

生产工艺：在装有搅拌和滴定装置的三颈瓶中加入52.5 g甲苯，将13.8 g邻硝基苯胺溶于苯中。再加入0.31 g四丁基溴化铵和18 g 50% KOH水溶液。启动搅拌器，于20 ℃下，边搅拌边滴加90 g次氯酸钠水溶液（活性氯含量大于5.2%），进行成环反应，约1 h滴完。滴加完毕继续搅拌反应3 h。反应完成后，经分液除去水相，有机相用少量水洗涤。蒸馏回收甲苯，制得苯氧二氮茂-*N*-氧化物，熔点68～70 ℃。收率约96%。

在带有搅拌和滴定装置的三颈瓶中加入9.3 g乙醇胺和16.35 g乙酰乙酸乙酯，加热，于130～140 ℃下搅拌反应0.5 h，制得乙酰基氨基乙醇。将反应体系温度降至40 ℃后，开始滴加苯氧二氮茂-*N*-氧化物乙醇溶液（将8.7 g苯氧二氮茂-*N*-氧化物溶于60 mL无水乙醇中），约0.5 h滴加完毕。继续反应约48 h，逐渐生成黄色沉淀。反应完成后，经过滤得喹乙醇粗品，产率约 88%。

将喹乙醇粗品重结晶，使用乙醇/水（12∶1）作溶剂，过滤后将固体于80 ℃下干燥，即制得喹乙醇成品。

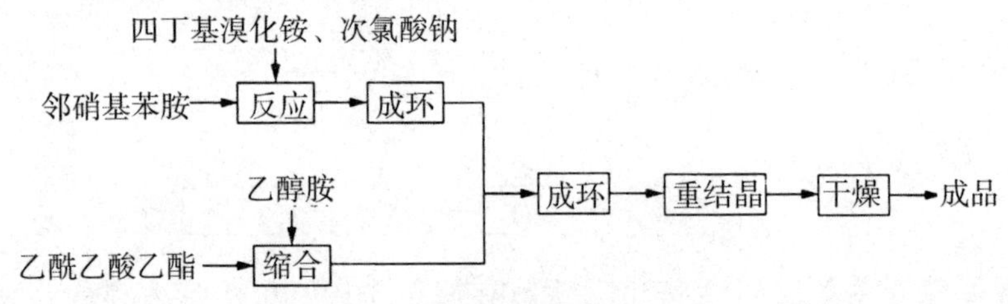

喹乙醇为广谱抗菌药，对革兰氏阳性菌和革兰氏阴性菌中众多细菌敏感，对致病性溶血大肠杆菌、变形杆菌、沙门菌等有选择性抑制作用，对猪痢疾有极好的疗效。该品毒性极低，药物排除快，使用安全。可用于 4 月龄以下的猪饲料，用量为 15 ～ 50 g/t，停药期 35 d；可用于 2 月龄以下的猪饲料，用量为 50 ～ 100 g/t，停药期 35 d。不能与其他抗生素同时使用。保质期 2 年。

（四）磺胺喹噁啉

磺胺喹噁啉，化学名称 4-氨基-*N*-2-喹噁啉基苯磺酰胺，分子式 $C_{14}H_{12}N_4O_2S$，相对分子质量 301.2。结构式：

N N —$NHSO_2$—⟨苯环⟩—NH_2

生产原理是将邻苯二胺与氯乙酸进行环化反应生成 2-羟基-3，4-二氢喹噁啉，再于碱性条件下氧化制得 2-羟基喹噁啉。将 2-羟基喹噁啉与三氯氧磷进行取代反应制得 2-氯喹噁啉，再将取代产物与对氨基苯磺酰胺缩合生成产品磺胺喹噁啉。

NH_2 / NH_2 $+ClCH_2COOH \longrightarrow$ N OH / N H $\xrightarrow{[O]}$ N OH / N

$\xrightarrow{POCl_3}$ N Cl / N $\xrightarrow{H_2N-⟨苯环⟩-SO_2NH_2}$ N N —$NHSO_2$—⟨苯环⟩—NH_2

生产工艺：在装有搅拌器的三颈烧瓶中将 16.2 g 邻苯二胺溶于 120 mL 热水中，另在烧杯中将 15.6 g 氯乙酸缓慢溶于浓氨水中，调 pH 值至 9。趁热将氯乙酸氨水溶液加入三颈瓶中与邻苯二胺溶液混合，于沸水浴上搅拌反应 1 h，反应过程中维持反应体系为碱性。反应完成后，将反应液冷却至室温，过滤，将滤饼用水洗涤两次，烘干后即得 2-羟基-3，4-二氢喹喔啉，2-羟基-3，4-二氢喹喔啉为光亮片状晶体，熔点 125 ℃～137 ℃。在装有回流冷凝装置的三颈烧瓶中加入 11. 25 g 2-羟基-3，4-二氢喹喔啉，15 mL 30%的氢氧化钠水溶液和 52. 5 mL 水，加热至 80～90 ℃时，向反应体系中通入空气进行氧化反应。氧化反应 3～4h 后，将反应液冷却至 30 ℃，采用稀盐酸调 pH 值至 5，析出黄色固体沉淀，过滤，将滤饼用水洗涤两次，烘干后即制得2-羟基喹喔啉。在装有搅拌和回流装置的三颈瓶中加入 21. 9 g 2-羟基喹喔啉和 111 g 氯氧磷，启动搅拌，加热回流反应 2 h。反应完成后，将反应液常压蒸馏回收过量的三氯氧磷。回收完全后，将反应液冷却至室温后倾入碎冰中，采用：乙醚萃取 4 次（60mL×4），合并醚层，将醚层用水洗涤 3 次（12 mL×3）。静置分层，油层用无水硫酸钠干燥，过滤，除去硫酸钠后，常压下蒸出乙醚，减压下蒸馏收集 115～117 ℃（16Pa）馏分，即制得 2-氯喹喔啉。2-氯喹喔啉为淡黄色固体，熔点 45～47 ℃。在装有搅拌和回流装置的三颈瓶中加入 36. 75 g 2-氯喹喔啉和 78 g 对氨基苯磺酰胺，边搅拌边加热，于 130～170 ℃下反应 3 h。反应完成后将反应液冷却至 100 ℃，加入150 mL水，加热，使反应液沸腾 5 min 后，冷却至 60 ℃。过滤后用盐酸调 pH 值为 3～5，冷却至室温后经过滤得固体状粗品磺胺喹喔啉。将固体用水洗涤，干燥，即制得成品磺喹喔啉。

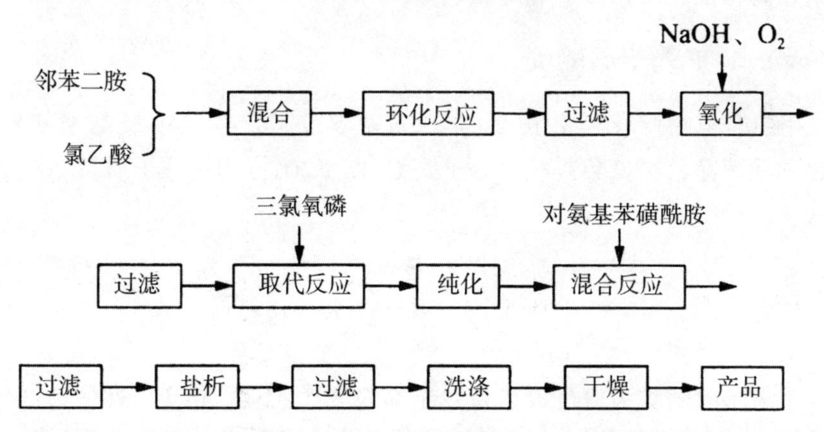

磺胺喹喔啉常用作动物专用的广谱抗菌剂，对哺乳动物毒性较大，仅用于鸡的各种球虫病。产蛋鸡禁用。

（五）磺胺二甲嘧啶

磺胺二甲嘧啶化学名称 2-（对氨基苯磺酰氨基）-4，6-二甲基嘧啶，分

子式 $C_{12}H_{14}N_4O_2S$，相对分子质量 278.34。结构式：

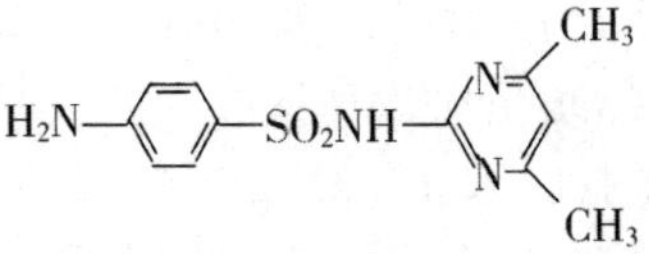

磺胺二甲嘧啶是白色或微黄色结晶性粉末，无臭，味微苦。熔点 176 ℃。极微溶于乙醚和水，易溶于稀酸或稀碱液，遇光颜色逐渐变深。

生产工艺：在装有回流装置的反应器中，加入磺胺胍、部分乙酰丙酮、亚硫酸氢钠、氢氧化钠和水，加热至回流，反应约 6 h。反应体系中出现结晶时，再加入剩余乙酰丙酮继续回流反应。环合成反应约 20 h 后完成常压下蒸馏反应液，回收未反应的乙酰丙酮，回收完全后，在反应液中加入适量沸水，趁热过滤，滤饼用热水洗涤后再进行重结晶，重结晶所得固体干燥即得成品。

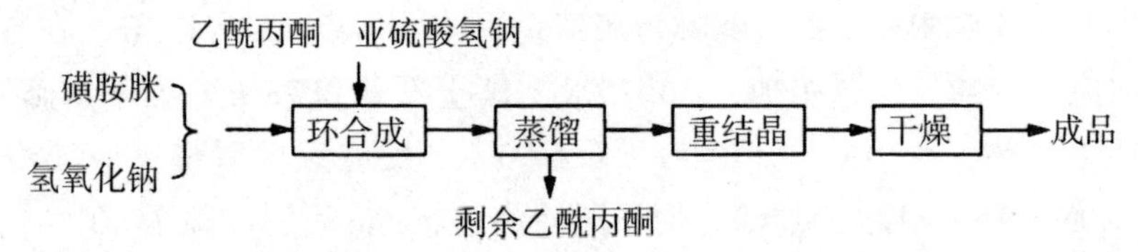

磺胺二甲嘧啶作为抗菌剂，对葡萄球菌、溶血性链球菌等有效。主要用于治疗禽霍乱、禽伤寒、鸡球虫病等。

（六）二甲氧苄氨嘧啶

二甲氧苄氨嘧啶化学名称 2，4-二氨基-5-（3′，4′-二甲氧基苄基）嘧啶，也称敌菌净，二氨黎芦啶。分子式 $C_{12}H_{16}N_4O_2$，相对分子质量 260.29。结构式：

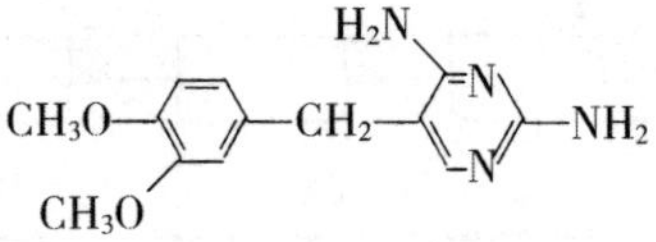

二甲氧苄氨嘧啶为白色或淡黄色结晶粉末，无臭。熔点 231 ～ 233 ℃。极微溶于水、乙醇、乙醚、氯仿和稀碱液，溶于浓盐酸。

生产工艺：在装有回流、滴定装置的反应器中加入溶于氢氧化钠溶液的香草醛，加热，恒温于 60 ～ 80 ℃下滴加硫酸二甲酯，在 pH 值为 7 ～ 9 的碱性条件下回流反应 3h。甲基化反应完成后，待反应液稍冷却，用甲苯萃取 3 次，合并萃取液，常压蒸馏，回收甲苯，制得黎芦醛。在装有回流装置的反应器中，先加入甲醇和甲醇钠溶液，再加入黎芦醛和甲氧基丙腈，加热，维持65～70 ℃下回流反应 5h。缩合反应完成后，将反应液冷却，析出结晶，过滤，干燥晶体，即制得 3′，4′-二甲氧基-2-氰基-3-甲氧基丙烯中间体。在装有搅拌和回流装置的反应器中，加入甲醇和甲醇钠溶液，再加入上述制得的中间体和硝酸胍。加热，启动搅拌，维持温度约 74 ℃反应 2 h。升温至 95 ℃下，继续搅拌反应 5 h，至环合成反应完成。将反应液冷却，析出结晶，过滤得粗品，将粗品用采用乙酸重结晶后，用氨水碱析，过滤分离，经干燥即制得成品二甲氧基苄氨嘧啶。

本品有抗菌作用，与磺胺喹啉或磺胺对甲氧嘧啶混合制成预混剂可添加于饲料内，也可制成片剂膏剂，用于治疗家禽细菌感染，对抗球虫病和畜禽肠道感染也有良好的防治作用，对磺胺类药物和抗生素有明显的增效作用。

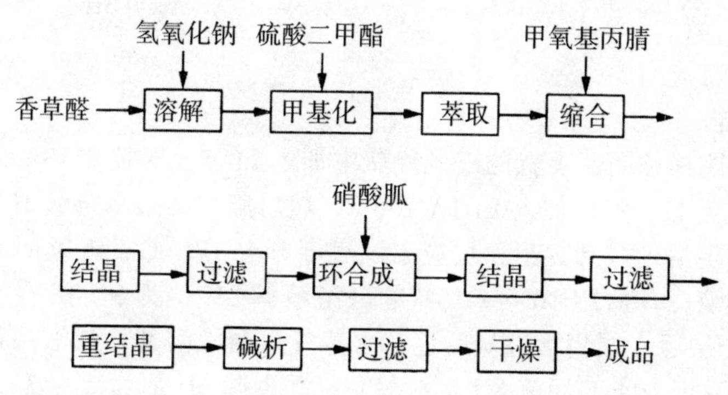

（七）胂酸苯胺

胂酸苯胺化学名称对氨基苯胂酸，也称阿散酸。分子式 $C_6H_8AsNO_3$，相对分子质量 217.04。结构式为：

$$H_2N-C_6H_4-AsO(OH)_2$$

胂酸苯胺为白色或淡黄色结晶性粉末，无臭。熔点 232 ℃。不溶于氯仿、乙醚、丙酮，微溶于水、乙醇，溶于热水、甲醇、碱液。

1. 生产原理

方法一：

将苯胺与砷酸反应生成苯胺胂酸盐，再经脱水，重排后制得对氨基苯胂酸。

$$H_2N-C_6H_5 + As_2O_5 \longrightarrow H_2N-C_6H_4-AsO(OH)_2$$

方法二：

苯胺与砷酸进行中和反应生成苯胺胂酸盐，经脱水，重排得对氨基苯胂酸。

$$H_2N-C_6H_5 + H_3AsO_4 \longrightarrow C_6H_5-NH_2 \cdot H_3AsO_4$$

$$\xrightarrow{-H_2O} C_6H_5-NHAsO_3H_2 \xrightarrow{\text{重排}} H_2N-C_6H_4-AsO(OH)_2$$

方法三：

将对硝基苯胺进行重氮化后，在碱性条件下与三氧化二砷进行胂化反应，然后将硝基还原而制得胂酸苯胺。

$$H_2N-C_6H_4-NO_2 \xrightarrow[HCl]{NaNO_2} O_2N-C_6H_4-N^+\equiv NCl^- \xrightarrow[CuSO_4]{Na_2CO_3/As_2O_3}$$

$$O_2N-C_6H_4-AsO_3H_2 \xrightarrow[H_2SO_4]{Fe、NaCl} H_2N-C_6H_4-AsO(OH)_2$$

2. 生产工艺

方法一：

在装有搅拌和回流装置的三颈烧瓶中加入 11.5 g 苯胺和 18 g 四氯乙烯，加热，升温至 125 ℃，加入 EDTA 1.5 g，然后滴加砷酸水溶液 108 g，将反应产生的水随溶剂共沸蒸出，反应温度逐渐升至 175 ℃，继续回流 1h 停止反应。反应液冷却后用 10% ～ 15% 的碱溶液调 pH 值为 9，然后于 90 ℃下搅拌 1h，分层后水层用活性炭脱色，水蒸气蒸馏脱溶剂。滤液用盐酸调 pH 值为 2，然后于 104 ℃回流 8 h，水解完成后再调 pH 值为 2 ～ 2.5，静置过滤得粗品，母液可以循环利用。粗品进行重结晶纯化。将粗品用 4 倍的水溶解，加入活性炭，调 pH 值为 8，于 100 ℃脱色 30 min，趁热过滤。滤液调 pH 值为 3，静置析出晶体，过滤、干燥，即制得成品。

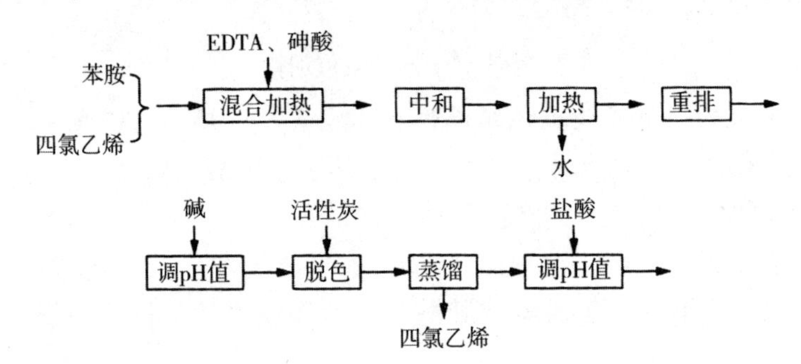

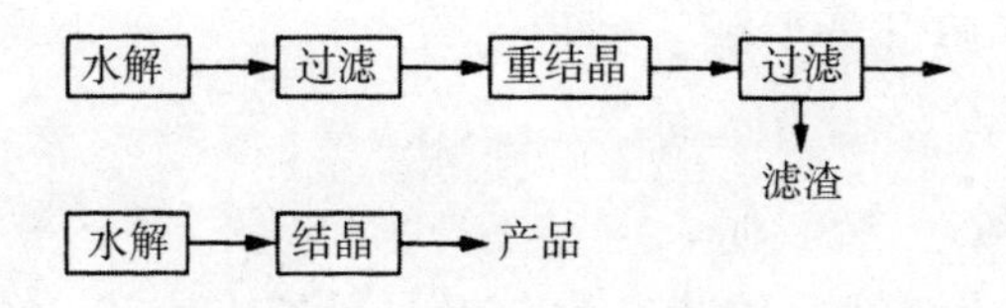

方法二：

在装有搅拌和回流装置的反应瓶中，加入 225.5 g 对硝基苯胺和 282.2 g 盐酸，充分搅拌。将反应液冷却至 0 ℃后滴加 30% 亚硝酸钠水溶液，控制温度不超过 10 ℃，以淀粉-KI 试纸检查重氮化反应终点。

反应达终点，另将 258.4g As_2O_3 和 30% 的碳酸钠溶液在反应器中升温搅拌，使其完全溶解，并沸腾 0.5h。冷却至 10 ℃，加入几滴 $CuSO_4$ 溶液，在搅拌下缓缓加入上述重氮盐溶液进行取代反应，控制温度不超过 30 ℃，制得对硝基苯胂酸。

用硫酸调节对硝基苯胂酸溶液 pH 值为 2.8 ～ 2.2，加入 262.5 g 还原铁粉和 112g 氯化钠，加热至微回流（100 ℃），反应 2 h。稍降温后补加 131.2 g 铁粉，于回流下反应至 pH 值为 9。反应结束（稍冷）后加入 160 g 30% 的 NaOH 溶液，放置 5 h 后过滤。滤液用工业稀硫酸调节 pH 值到 4.5，加活性炭于 80 ～ 90 ℃下脱色（20 min）、过滤。滤液用硫酸调节 pH 值至 2.8 ～ 3.2，冷却至 10 ℃，过滤、洗涤得粗品胂酸苯胺。

将粗品及少量抗氧化剂和 8 倍量（质量）的去离子水，加热溶解，加入少量医用活性炭回流脱色，趁热过滤，滤液冷却至 5℃ 析出结晶，经过滤、干燥得成品胂酸苯胺。

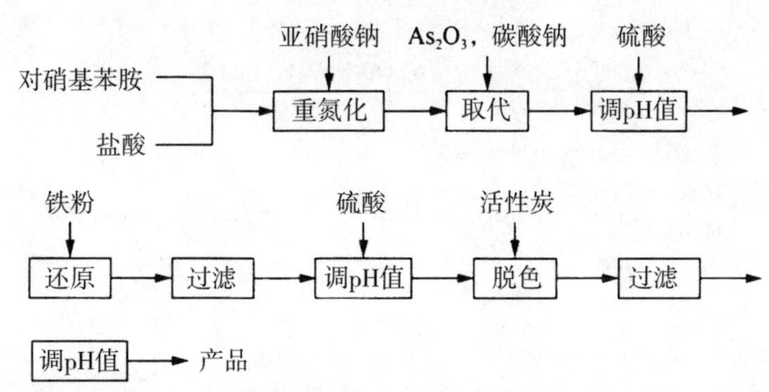

本品用作抗菌剂，主要用于治疗家禽细菌感染，对猪和鸡等有促生长作用。饲料中添加量为 45 ～ 90 g/t，停药期 5 d。

（八）洛克沙生

洛克沙生也称康乐-3。化学名称 4-羟基-3-硝基苯胂酸。分子式

$C_6H_6AsNO_6$,相对分子质量 263.04，结构式为：

$$HO-C_6H_3(NO_2)-AsO_3H_2$$

洛克沙生为白色或淡黄色柱状结晶，无臭。熔点大于 300 ℃。易溶于甲醇、乙醇、乙酸、丙酮和碱，冷水中溶解度 1%，热水中约 10%，不溶于乙醚和乙酸乙酯。

1. 生产原理

方法一：

$$HO-C_6H_4-NH_2 \xrightarrow{HCl} [HO-C_6H_4-NH_2]_2 \cdot HCl \xrightarrow[HCl]{NaNO_2} HO-C_6H_4-N{\equiv}NCl \xrightarrow{胂化}$$

$$NaO-C_6H_4-AsO_3Na_2 \xrightarrow{HCl} HO-C_6H_4-AsO_3H_2 \xrightarrow{HNO_3} HO-C_6H_3(O_3N)-AsO_3H_2$$

将对氨基苯酚重氮化后与三氧化二砷进行胂化反应，制得对羟基苯胂酸，再经硝化反应制得洛克沙生。

方法二：

将对氯苯胺重氮化后与三氧化二砷进行胂化反应，再经硝化，取代制得洛克沙生。

$$Cl-C_6H_4-NH_2 \xrightarrow[HCl]{NaNO_2} Cl-C_6H_4-N{\equiv}NCl \xrightarrow{As_2O_3、NaOH、Cu_2Cl_2} Cl-C_6H_4-As_2O_3H_2$$

$$\xrightarrow[H_2SO_4]{HNO_3} Cl-C_6H_3(O_2N)-As_2O_3H_2 \xrightarrow{NaOH} \xrightarrow{HCl} HO-C_6H_3(O_2N)-As_2O_3H_2$$

2. 生产工艺

方法一：

在装有搅拌装置的反应器中加入 131.4 g 对氨基苯酚和工业盐酸 162.6 mL,于室温下搅拌，使其充分成盐。冷却至 0 ℃，滴加 30% 的亚硝酸钠溶液进行重氮化反应。控制温不超过 5 ℃，以淀粉-KI 试纸检查重氮化终点，至重氮化反应完全。

在另一带搅拌装置的反应器中加入 118.7 g As_2O_3 和 30% 的碳酸钠溶液，

升温搅拌，使其完全溶解，并沸腾0.5 h。冷却至10 ℃。加入几滴$CuSO_4$溶液，将重氮盐溶液缓缓加入进行胂化，反应生成对羟基苯胂酸钠溶液，控制温度不超过10 ℃。加稀盐酸酸化，过滤，滤液中和至中性，真空浓缩，再加少量活性炭脱色，趁热过滤，滤液放置过夜，析出结晶，过滤得粗品。粗品溶于水，稀盐酸酸化，冷却放置过夜，析出结晶，过滤得粗品。粗品溶于水，稀盐酸酸化，冷却至10 ℃，放置过夜重结晶，经过滤、干燥得到对羟基苯胂酸。

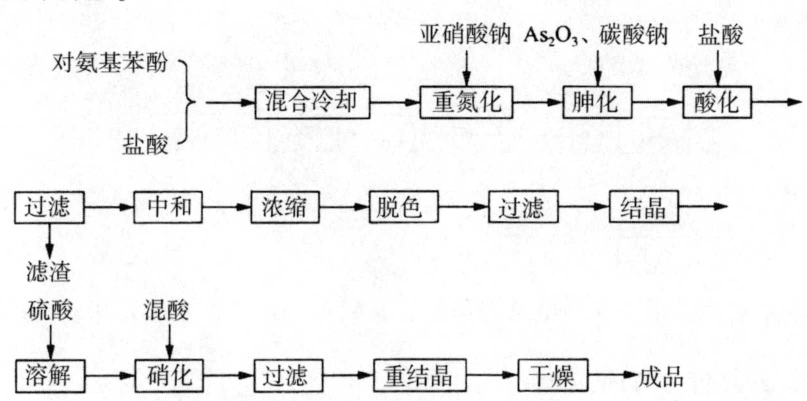

将132 g对羟基苯胂酸搅拌溶于476.4 mL硫酸中，降温至0 ℃后滴加混酸（23%硫酸、44%硝酸，其余为水）181.1 g，控制温度不超过18 ℃，加完后维持20 ℃反应2h。将反应物倾入冰水中，过滤并水洗至中性，粗品加去离子水溶解，加入少量活性炭加热脱色，趁热过滤。滤液放置2 d，析出结晶，经过滤、真空干燥得成品。

方法二：

在带搅拌装置的反应器中加入270 mL水，81 mL浓盐酸，再将57.6 g对氯苯胺加入后搅拌溶解。降温，于0～5℃下慢慢滴加亚硝酸钠31.1 g和112.5 mL水的溶液。滴加完毕后保温加入氯化亚铜6.75 g和有机硅消泡剂4.5 mL，再慢慢滴加由89.1 g三氧化二砷和36 g氢氧化钠溶于450 mL水组成的溶液。滴加完毕后再加入10%的氢氧化钠溶液45mL，继续反应1h，然后升温至60 ℃反应1 h。抽滤，滤液加浓盐酸调pH值为4，再抽滤，滤液浓缩至约350 mL，加活性炭脱色过滤。滤液再加浓盐酸调pH值为2，置于冰箱过夜，收集沉淀，水洗后干燥得微黄色晶体对氯苯胂酸。

在带搅拌装置的反应器中加入270 mL浓硫酸和56.3 g硝酸钠，搅拌溶解。于搅拌下慢慢滴加对氯苯胂酸106.2 g。升温至80～85 ℃，反应2 h后结束。冷却室温，慢慢倾入450 g冰和450 mL水的混合物中。过滤、水洗、干燥得淡黄色晶体4-氯-3-硝基苯胂酸。

将氢氧化钠 67.5 g 溶于 157.5 mL 水，再加入 4－氯－3－硝基苯胂酸 63.5 g，于 95～100 ℃下搅拌反应 10 h。然后加入 135 mL 水，用浓盐酸调 pH 值为 10，加入活性炭于 80 ℃下脱色过滤。滤液再加浓盐酸调 pH 值为 2，置冰箱中过夜。过滤、水洗、干燥得黄色结晶状成品洛克沙生。

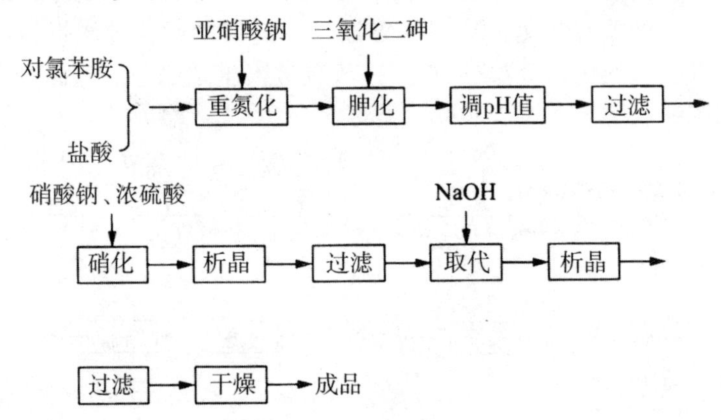

本品主要用于家禽的细菌感染治疗，对猪和鸡有促生长作用。

四、其他添加剂因子

（一）大豆磷脂

大豆磷脂是大豆油精炼的副产品。磷脂是动物体内细胞的重要组成部分，可分为卵磷脂和脑磷脂。大豆磷脂中一般卵磷脂占 30%，脑磷脂占 70%。磷脂在脂肪的转运中有重要的作用，有助于脂肪的消化、吸收、转运和形成。

大豆磷脂是一种天然表面活性剂和乳化剂。大豆磷脂作为饲料添加剂使用，可以作为油脂的替代品，并能提供胆碱、肌醇和亚油酸等营养素，有助于动物对油脂和脂溶性维生素的消化吸收，还能改善饲料适口性和可加工性。在早期断奶的仔猪饲料中使用大豆磷脂，能缓解断奶仔猪的应激程度，防止仔猪断奶后的体重减轻和减少死亡率，并能提高仔猪的生长速度和饲料转化率。大豆磷脂还是一种较适宜在水产饲料中应用的饲料添加剂。大量的研究和实验表明，磷脂在鱼类和甲壳类动物中的利用率很高，能有效地促进鱼类的生长，提高幼鱼的成活率，并能减少鱼类的畸形和提高肉质。

现在一些商品大豆磷脂已经用载体预混，载体化的大豆磷脂使用方便，保存期较长，且有较好作用效果，是在饲料中使用的理想品种。大豆磷脂在饲料中的使用剂量应根据磷脂的种类、浓度和配方的营养水平以及动物的种类和生长阶段等因素灵活确定，一般在仔猪和水产饲料中使用5%左右，其他饲料品种以3%左右为宜。

（二）牛磺酸

牛磺酸是动物体内一种结构简单的含硫氨基酸。牛磺酸由半胱氨酸经几条途径转化而来，最终产物为乙磺酸。牛磺酸能调节机体正常生理机能，增强细胞膜抗氧化、抗自由基损伤和抗病毒侵害等功能。近年来，有一些试验和研究表明牛磺酸作为一种新型饲料添加剂使用，有一定的作用效果。在鸡饲料中添加0.05%～0.1%的牛磺酸，能使雏鸡转群时的体重增加20%，饲料利用率提高10%。牛磺酸还能较好地提高鸡的生产性能和繁殖性能。另外，还是虾饲料中的最好诱食添加剂，具有较好的作用效果；也较适宜在猫等宠物饲料中使用。

（三）双乙酸钠

双乙酸钠又名二醋酸一钠，商品也称维他可乐波，是一种白色晶体，略有醋酸气味。双乙酸钠原来是作为一种防霉剂使用，近几年来研究发现，双乙酸钠不仅是一种高效和经济的防霉剂，还有其他一些较好的作用效果，是一种有发展潜力的新型饲料添加剂。双乙酸钠能提高饲料的适口性，提高动物的采食量和提高饲料利用率。在泌乳牛饲料中使用双乙酸钠，能提高奶牛的产奶量和乳脂率。在蛋鸡饲料中使用0.5%左右的双乙酸钠，能提高雏鸡的成活率，提高蛋鸡的产蛋率和蛋的质量。双乙酸钠在仔猪饲料中应用可防止仔猪下痢、缓和断奶应激和促进生长。

双乙酸钠没有毒性，在饲料中使用较为安全，没有不良副作用。但双乙酸钠有较强的吸湿性，150 ℃以上就开始分解，因此双乙酸钠应在干燥、阴凉的地方保存，并且不要与维生素等其他添加剂一起预混。在加工过程中，应尽可能避免高温。双乙酸钠与丙酸钙、苯甲酸钠和山梨酸钠等混合使用有增效作用，且性质更加稳定。双乙酸钠作为饲料添加剂使用，一般添加量为0.2%～0.8%。

（四）腐植酸脲

腐植酸脲是尿素与腐植酸反应后制成的一种络合物。腐植酸脲是牛、羊等反刍动物饲料应用的一种新型高效饲料添加剂。腐植酸脲可抑制尿素迅速分解，促进尿素氮转化和吸收，而且有相当高的反应活性。在牛等反刍动物中使用腐植酸脲，可调节消化机能，促进新陈代谢，从而加速动物生长，增加奶牛的产奶量，提高饲料利用率。腐植酸脲具有很强的吸附、收敛、消炎、止血、镇痛和去腐生肌能力，对动物的皮肤和软组织的损伤、皮炎、消化不良、腹泻，特别对奶牛隐性乳腺炎、羔羊口膜炎和羔羊下痢等，有较好的防治效果。在反刍动物饲料中应用腐植酸脲，方便、安全、效果明显，具有较好的经济效益和社会效益。

另外，在鸡饲料中适量应用腐植酸脲，对雏鸡白痢和鸡瘟也有良好的防治效果。腐植酸脲还可消除粪便恶臭，改善饲养环境，适合于规模化和工厂化养殖场使用。

（五）甲壳素

甲壳素也叫甲壳质、壳多糖和壳蛋白，大量存在丁低等动物儿其是节肢动物外壳之中，也存在于低等植物的细胞壁中。外国多从海洋生物甲壳动物中提取甲壳素。甲壳素是唯一含氨基的均态多糖，结构与纤维素极为相似。甲壳素是生物合成再提取的天然产物，有良好的生物相溶性，可被生物降解。甲壳素近几年来作为一种新型饲料添加剂在一定范围内试用，一些实验和研究证实，甲壳素作为饲料添加剂使用，能促进动物生长，提高饲料利用率，特别对鳗鱼等水产动物有较好的促生长作用，并能改善鱼类的生产性能。甲壳素能降低动物的血脂和胆固醇，并控制脂肪在动物体内的沉积，从而减少动物产品的含脂率，提高肉质。甲壳素还能通过有机吸附来促使肝脏及肠道内有害毒素排出体外，从而提高动物健康水平。甲壳素使用安全、经济、环保，是一种有发展潜力的新型饲料添加剂。实际应用中多以甲壳素与浓碱反应生成壳聚糖，壳聚糖又称可溶性甲壳素或聚氨基葡萄糖，使用上比甲壳素方便和有效。

（六）碘化酪蛋白

碘化酪蛋白是利用天然优质蛋白经加碘处理，使碘固定于蛋白质分子上，该蛋白质依然可被动物消化吸收，并能有效地促进动物生长和提高饲料利用率。碘化酪蛋白是甲状腺素的前驱物质，具有类似甲状腺素的生理作用。碘化酪蛋白被动物消化吸收后能参与机体内的物质代谢，增强脂肪的氧化作用，提高动物各项生理机能，并能增强毛细血管的渗透性，使肾的排泄功能加强。碘化酪蛋白最早在美国研制成功，并在饲料工业中应用。我国现在也有多家公司生产碘化酪蛋白，已在一定范围内应用。在家禽饲料中应用碘化酪蛋白，能提高动物食欲，促进动物生长，改善肉质，并能促进羽毛生成和颜色光亮，提高蛋鸡的产蛋率和蛋壳硬度。本品没有不良作用，且有多种作用效果，是一种有望广泛和大量应用的新型饲料添加剂。

（七）茶多酚

茶多酚是从茶叶或茶水中提取的一类多羟基酚类物质。茶多酚约占茶叶干物质的 25%。茶多酚中的主要成分儿茶素类化合物，可有效地抑制病原微生物，从而改善动物消化道的微生物结构；能有效地清除体内的有害自由基，提高动物机体血清免疫球蛋白含量，从而提高动物的免疫力和抗病力；具有健齿防龋、抗癌抗突变、清热降压和除臭解毒等功能。一些试验表明，在肉和奶牛饲料中应用茶多酚有较好的作用效果。我国有丰富的茶叶资源，茶多酚可从茶叶加工过程的茶毛衣、茶末灰和茶尘等下脚料中提取，可有效地实施资源再利用。茶多酚使用安全、经济，没有不良副作用，是一种绿色饲料添加剂。因此，茶多酚作为一种新型饲料添加剂也有较大的发展潜力。

第六章 绿色添加剂及其安全应用

在动、植物体内，有一些成分含量虽少但具有较为特殊的功能。例如，动物乳中的乳铁蛋白具有抗微生物、抗氧化、抗癌、调节免疫等功能；姜科植物中的姜黄素具有抑菌作用；肉桂中的肉桂醛有抑菌与抗病毒抗肿瘤等作用；牛膝中的齐墩果酸具有减轻肝、肾损伤和促进肝细胞再生等作用；牛膝中的蜕皮甾酮不仅能促进核酸、蛋白质合成，还可阻止细胞凋亡，促进组织修复，加快伤口愈合等。目前，已有相当成熟的技术，将一些功能成分从动、植物体内提取出来，部分的功能成分还可被人工合成。近几年来，动植物提取物及功能成分越来越多地被开发作为饲料添加剂。

第一节 功能成分提取的基本方法

一、溶剂提取法

根据被提取的功能成分的溶解性质，选用合适的溶剂和方法来提取。其原理是溶剂透入植物细胞壁，溶解功能成分，然后渗出胞壁，从而达到提取目的。在生产上，常用水和乙醇作溶剂，用以下方法提取：①煎煮法。将植物铡碎，加水加热煮沸提取。水能提取糖、氨基酸、蛋白质、无机盐等水溶性成分。②浸渍法。将植物铡碎，加水或加乙醇，浸渍一定时间，反复多次，合并浸渍液，减压浓缩即可。③渗漉法。是浸渍法的发展，将铡碎的植物装入渗漉筒中，加水或加乙醇，先浸渍一段时间，后由下口流出提取液（即渗漉液），不断从渗漉筒上口补充新溶剂。④回流提取法。用有机溶剂（如乙醇或乙醚），像索氏法提取粗脂肪那样，提取植物功能成分。有机溶剂能提取甾体、萜类、生物碱、苷类、黄酮类等成分。

二、水蒸气蒸馏法

用于提取能随水蒸馏，而不被破坏的难溶于水的功能成分，如植物挥发油的提取常用此法。

三、超临界流体萃取法

超临界流体萃取法（supercritical fluid extraction，SFE）为一种集提取与分离于一体，又基本上不用有机溶剂的新技术（图6-1）。

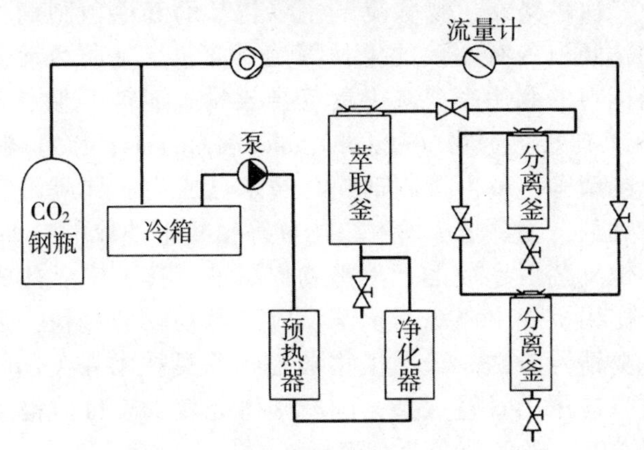

图 6-1　超临界 CO_2 流体萃取法

超临界流体是处在临界温度和临界压力上，介于气体和流体之间的流体，同时具有气体和流体的双重特性，对许多物质有很强的溶解能力。常用 CO_2作为超临界流体。超临界流体萃取植物功能成分的主要优点是：可在接近室温下进行，防止某些对热不稳定的功能成分破坏或逸散；基本上不用有机溶剂；对环境无污染；提取效率高。

第二节　除臭饲料添加剂

一、概述

目前，国内养殖场纷纷扩大养殖规模，集约化养殖趋势日益明显，畜禽生产中产生的臭气对环境的污染也随之不断加剧。恶臭会对畜禽生产造成危害，从而影响畜禽生产性能的发挥，疫病的易感性提高，患病风险加大。在集约化养殖模式下，改善畜禽场的环境成为一个举足轻重的问题。空气环境的改善越来越引起大家的重视。

除臭剂是一类用于改进饲养环境质量的产品，其主要功能是改进畜禽舍空气质量和养殖水体质量，减少氨气、硫化氢、吲哚等有害物质的排放。以饲料添加方法，用化学物理除臭、生物除臭及植物除臭，改善畜禽养殖环境。发展无污染、高效的除臭剂和除臭剂饲料是当今畜禽养殖的研究重点。

目前，用作除臭剂的物质很多。化学除臭剂包括沸石、膨润土等硅酸盐类。它们主要是通过表面多维孔道来吸附气体分子以及水分子，从而减少畜舍内氨及其他有害气体的含量；还可降低畜舍内空气及粪便的湿度，达到除臭的目的。化学除臭剂的特点是反应速度快，但效果不持久且工艺复杂、易产生二次污染。生物除臭剂主要包括酶和活菌制剂，除臭效果明显，可促进动物肠道内有益菌的生长繁殖，抑制有害菌活动，平衡肠道菌群，从而提高饲料的利用率，减少臭气排放量。饲料工业中应用最广泛的有植物乳杆菌、有效微生物（effective microorganisms，EM）菌剂和枯草芽孢杆菌、光合细菌等，微生态制剂除臭技术已成为一种应用广泛的除臭技术。植物性除臭剂，主要是从树木、花草等植物中抽取的精油、汁或浸膏，经微乳化或其他工艺后形成的天然植物提取液，其主要活性成分是酚类或鞣质类物质。作用机理主要源于化学反应和生物物理过程，是一种环境友好型的天然恶臭清除方法。天然植物抽提物除臭技术在美国、加拿大、欧盟等国家的研究应用已日益成熟，国内则研究较少。目前报道的植物除臭剂主要来源于茶叶、丝兰、菊芋等植物。

近年来有研究表明，将物理除臭与微生物除臭相结合、饲喂与舍内撒布相结合、吸附除臭和化学除臭相结合、微生物除臭剂与植物除臭剂混用可为微生物提供更多营养，并能使除臭持续较长时间或效果更佳。通过利用多种方法、各种组合，筛选出能够提高生产性能、净化畜舍环境的复合型除臭剂。复合型除臭剂可加快去除臭气的反应速度，是当今和未来发展的方向。另外，饲料酶制剂、可发酵碳水化合物包括纤维素、半纤维素、木质素、果胶以及菊粉、乳糖等低聚糖、果聚糖等，能改善动物体内的代谢效能和提高动物对饲料的消化利用，提高饲料的利用效率，通过改变肠道和粪便中的微生物及其发酵过程来改变粪尿的理化特性，从而减少臭气的产生和排放。菊糖在小肠基本上不能被体内的消化酶分解，而是以较完整的形式到达后肠，调节微生物区系。通过改变微生物的发酵方式，使代谢中的尿氮部分地转变成粪氮，含氮化合物（如 NH_3、酚、吲哚、SK 等）减少，从而减少氮的排泄，降低臭味。

不同除臭剂的使用方法不同，有环境喷洒、水体泼洒和饲料添加等。本节仅介绍通过饲料添加使用的除臭剂产品。

二、丝兰提取物

（一）来源

丝兰属植物主要分布在美国西南部亚利桑那、新墨西哥和墨西哥北部高原干燥地带上。丝兰提取物是以丝兰属植物为原料，通过有机溶剂提取、浓缩以及提纯而生产的一种纯天然的多功能饲料添加剂。丝兰属植物在我国并不多见，进口成本较高。因此，应用受到限制。

（二）功能

丝兰提取物是一种能提高动物生产性能、吸附有害气体、改善肠道内环境与提高动物免疫性能的功能性饲料添加剂。由于其特殊的生理结构，对有害气体具有很强的吸附能力，可促进氨气转变为微生物蛋白，降低畜舍氨气、硫化氢等气体的浓度；可阻止粪尿中氮的硝化，使其以无机质形式存在，从而减少氨气的产量；可刺激循环和呼吸系统、影响维生素活性、动物荷尔蒙分泌、作为胰腺乳化剂等功能。

丝兰属植物主要成分是甾类皂苷、自由皂苷、多糖及多酚等活性成分。其中，甾类皂苷可抑制泌尿，降低粪尿中氮、磷的排泄。氨含量的降低，主要是通过自由皂苷和多糖对氨气有吸附作用。某些特殊物质有脲酶抑制剂的作用，可抑制尿素的分解。

皂苷在植物中分布广泛。按性质可分为三萜皂苷和类固醇皂苷两类。具有活性的皂苷主要有大豆皂苷、人参皂苷和绞股蓝皂苷等。近年来，皂苷对反刍动物瘤胃微生物影响方面报道较多。大豆皂苷属于类固醇皂苷，有促进氨基酸等营养物质消化吸收的作用，可降低粪便中氮、磷的排泄量。茶皂素（TS）和无患子皂苷（SAD）均可抑制瘤胃中原虫的数量，降低甲烷产量和氨态氮浓度，且 SAD 比 TS 效果更显著。

（三）生产工艺

以丝兰属植物为原料，通过甲醇（或乙醇）等溶剂回流提取、浓缩得到粗品，再经过水、正丁醇二相萃取除去杂质，取正丁醇相蒸干后用乙醚回流得到乙醚不溶物即为丝兰提取物。详见图 6－2。

（四）应用

1. 丝兰提取物在肉鸡饲养中的应用

程志斌等研究证明，丝兰提取物和枯草芽孢杆菌均能提高肉鸡对饲料蛋白的代谢利用率，且具有协同改善肉鸡生长性能的效果；其两者组合使用，显著改善肉鸡生长性能，缓解鸡舍有害气体污染。李万军试验结果表明，在肉鸡日粮中添加丝兰提取物，能够降低料重比，提高饲料利用率和肉鸡生产性能，促进营养物质吸收，明显减少肉鸡的病死率，显著降低鸡舍内氨气质量浓度，改善鸡舍内的空气状况，减少环境污染。苏子峰等、

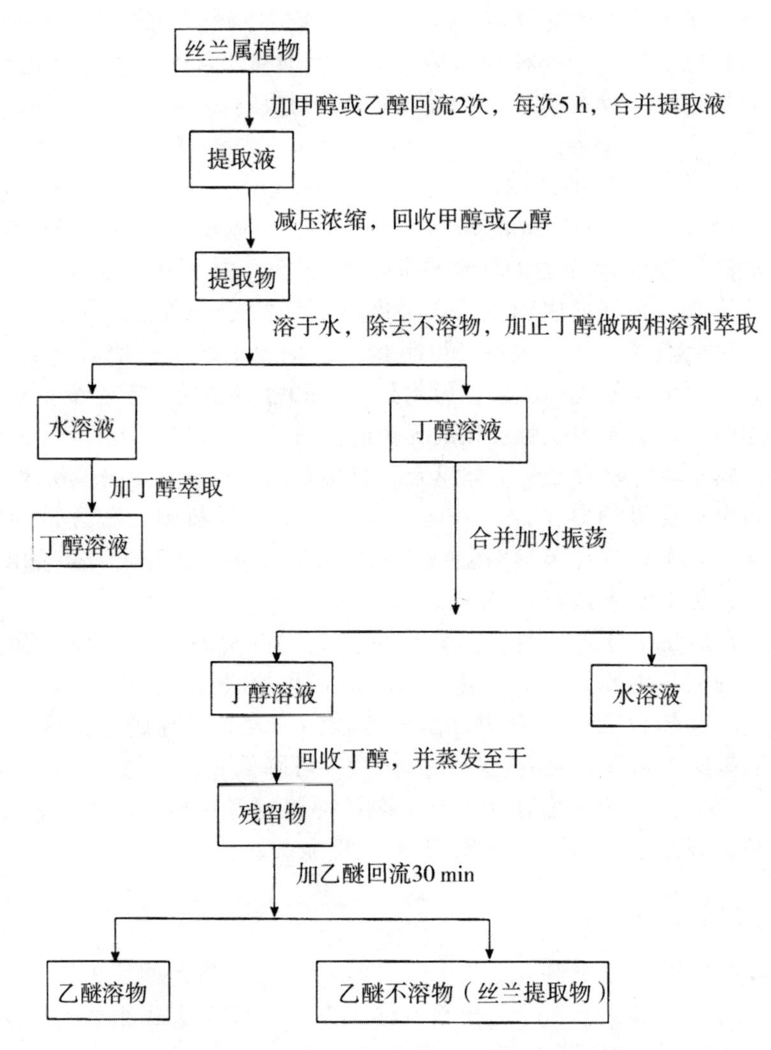

图 6－2　丝兰提取物提取工艺流程图

丁永敏等研究日粮中添加不同水平丝兰提取物对肉鸡生产及血液生化指标的影响。结果发现，日粮中添加丝兰提取物可改善肉鸡的生产性能，降低肉鸡血液中尿素氮的含量，但对血液中总胆固醇和甘油三酯含量的影响差异不显著。单提新研究报道，丝兰能够极显著降低种鸡鸡舍内的氨气浓度，改善鸡舍内环境，减缓蛋鸡产蛋率的下降。

2. 丝兰提取物在猪上的应用

王金旭等研究了丝兰提取物和酶制剂对猪舍内污染气体及猪生产性能的影响。结果发现，在日粮中同时添加丝兰提取物和酶制剂，可有效降低猪舍内氨气和硫化氢含量，使猪舍中的气味明显降低，同时提高了仔猪的生产性能。梁国旗等比较了樟科植物提取物和丝兰植物提取物对仔猪生长性能、粪尿中氨和硫化氢散发的影响，得出饲料中添加樟科植物提取物和丝兰植物提取物可通过减缓尿素氮分解和可溶性硫化物的产生，从而减少氨气和硫化氢的散发。Colina 等在猪日粮中添加丝兰提取物，猪舍 NH_3 浓度逐周下降，对全期平均日增重有提高趋势。

3. 丝兰提取物在羊上的应用

王洁采用体外培养法研究了在以 3∶7 为精粗比的日粮条件下添加苜蓿皂苷对滩羊瘤胃挥发性脂肪酸的影响。苜蓿皂苷添加量为3%时，瘤胃培养液的丙酸浓度分别在 3 h、12 h 和 18 h 时显著上升（$P<0.01$），证明日粮中添加适量的苜蓿皂苷可显著提高滩羊瘤胃挥发性脂肪酸含量，降低乙酸/丙酸的比值，改变了发酵模式，提高了反刍动物对发酵终产物的利用率。因此，减少甲烷等有害气体排放。王新峰证明了绞股蓝皂苷可提高山羊瘤胃 VFA 的产量，降低甲烷产量。曹恒春以安装永久性瘤胃瘘管的山羊为试验动物，利用人工瘤胃体外培养法及体外产气法，在山羊日粮中添加丝兰提取物。结果显示，在相同精粗比条件下，pH、氨氮浓度随着丝兰提取物添加量的增加而下降；挥发性脂肪酸随着丝兰提取物的添加丙酸含量上升，呈丙酸发酵；试验组日粮中细菌增加而原虫减少，同时日粮的原虫类群结构也都有变化。刘春龙在成年东北细毛羊日粮中添加丝兰提取物，随着添加水平的增加，乙酸浓度有降低的趋势，而丙酸浓度有上升的趋势；高剂量组有机物、干物质、中性洗涤纤维降解率显著高于对照组。

三、樟科提取物

（一）来源

樟科植物全世界约 400 属，2000 ～ 2500 种，产于热带及亚热带地区。我国樟科植物有 20 属，423 种，大多数分布在长江以南各省区。樟科提取物是以樟科植物为原材料得到的提取物。

（二）功能

樟科提取物（CFPE）富含挥发油和脂肪油，并含有肉桂醛、香豆素、乙酸桂酯、生物碱、木质素、有机酸及多糖等活性成分。梁国旗研究表明，CFPE 不仅有抑制脲酶活性减少氨生成的作用，也可减少硫化氢的产生，净化猪舍环境。CFPE 还有抑制尿酸氧化酶活性的作用，能更好地降低肉鸡排泄物中尿酸含量。周霞还对一串红植物提取物（SS）和桂花植物提取物

(OFL) 进行了研究，发现这两种植物提取物均能很好地抑制排泄物中脲酶活性，降低氨、尿酸和氨态氮含量。其中，OFL 对减少氨态氮排放量作用明显。

(三) 提取工艺

分别取 30 g 风干的樟科植物叶粉末，放入干燥索式提取器。一个瓶加入无水乙醇 30 mL，在 90 ℃ 水浴上加热；另一个瓶加入二氯甲烷 30 mL，在45 ℃的水浴上加热。控制无水乙醇和二氯甲烷回流次数约 6 次/h，共蒸馏 4 h。取下提取器，分别用无水乙醇和二氯甲烷冲洗 3 次。把 2 个索式抽提瓶置于 90 ℃和 45 ℃的水浴上加热蒸干，再分别溶于无水乙醇中至 30 mL (二氯甲烷的提取物也溶于无水乙醇)，分别得到樟科植物的乙醇提取物和二氯甲烷提取物。

(四) 樟科提取物在生产上的应用

潘倩等为研究樟科植物提取物作为脲酶抑制剂对仔猪粪尿氮排泄的影响，选取杜长大三元杂交 30 日龄断奶仔猪 480 头，按胎次、体重相近和公母基本一致分成 5 个处理组，分别饲喂添加不同剂量樟科植物提取物的日粮。结果显示，樟科植物提取物的添加使血清中总蛋白含量提高、尿素氮含量降低，在断奶仔猪日粮中能够促进仔猪生长，抑制粪中脲酶活性，减少粪尿氮排泄，最佳使用剂量为 450 mg/kg。杨彩梅等用体外法研究樟科植物提取物对猪粪中脲酶活性的影响。结果表明，樟科植物的乙醇提取物和二氯甲烷提取物均能极显著（$P<0.01$）降低猪粪中的脲酶活性，且作用效果与剂量呈正相关。二氯甲烷提取物的作用效果优于乙醇提取物，其抑制脲酶的效果与乙酰氧肟酸之间无显著差异。Chang 等试验发现，樟科提取物对大肠杆菌、铜绿假单胞杆菌、金黄色葡萄球菌等多种细菌的生长均有很强的抑制作用。

四、载铜硅酸盐

(一) 来源

载铜硅酸盐（CSN）是利用纳米技术，由硫酸铜与硅酸盐而制得。一方面，铜离子具有抗菌性能；另一方面，硅酸盐具有强的吸附能力。

(二) 功能

朱叶萌研究报道，CSN 可使生长猪舍内氨气浓度降低。一方面是其吸附作用；另一方面是由于肠道中某些可产生脲酶的微生物减少，从而减少了氨气的产生。植物提取物和载铜硅酸盐不仅可以改善畜禽养殖环境，还可提高饲料利用率。另外，随着人们对健康绿色产品越来越重视，植物提取物和载铜硅酸盐已经逐步替代抗生素在饲料中添加。

（三）生产工艺

一种载铜硅酸盐抗菌剂的制备方法：

步骤1：将蒙脱石矿物连同相当于矿物重量5%～15%的氯化钠，加水搅拌均匀，制成浓度为10%～20%的悬浮液矿浆。室温钠化10～15 h，水洗5～7次，用水重新制成浓度为10%～20%的矿浆。

步骤2：将相当于蒙脱石矿物重量0.5%～5%的壳聚糖溶解在体积分数为1%～5%的醋酸或盐酸中，配成壳聚糖重量比含量为0.1～5 g/100 mL的壳聚糖酸溶液。于搅拌下将壳聚糖酸溶液缓慢加入步骤1做好的矿浆中，连续搅拌反应5～10 h，反应温度为20～70 ℃。

步骤3：将含铜量为蒙脱石矿物重量1%～6%的铜盐，于搅拌下缓慢加入步骤2的矿浆中，检测并调节矿浆的pH值为3.5～6.5，室温反应5～10 h。

步骤4：检测步骤3矿浆的pH值，用碱性溶液调节，使浆液pH值为7.0～8.5，水洗3～7次，过滤或离心脱水。

步骤5：将步骤4所得的滤饼烘干、粉碎至大于300目，得到一种载铜硅酸盐抗菌剂。

（四）应用

朱叶萌等以杜×长×大三元杂交生长猪为对象，探讨载铜硅酸盐纳米微粒（CSN）对生长猪的生长性能、粪便菌群、舍内氨气浓度的影响。结果表明，试验组比对照组平均日增重提高了12.07%，饲料增重比降低10.97%；试验组早、中、晚氨气浓度比对照组分别降低了20.08%、23.10%和21.19%；试验组粪便中沙门氏菌和大肠杆菌的数量显著降低。张波等研究结果表明，添加不同水平的CSN使仔猪日增重显著提高（$P<0.05$），饲料转化率显著降低（$P<0.05$）；血清总蛋白、白蛋白含量显著提高（$P<0.05$）；血清尿素氮含量、碱性磷酸酶活性显著降低（$P<0.05$）；血清谷丙转氨酶、谷草转氨酶活性无显著影响（$P<0.05$）。

在家禽方面，史明雷研究表明，CSN可显著降低黄羽肉鸡全期舍内氨气浓度，减少50日龄时粪便中尿素氮含量。另外，胡彩虹在对罗非鱼进行研究中发现，添加CSN可改善肠道微生态，提高消化酶活性和饲料利用率，降低水体氨氮和亚硝酸盐氮含量，改善养殖水质。另有研究表明，CSN 可显著降低鲫鱼细菌总数量、致病性弧菌数量和大肠杆菌数量，显著提高组织脂肪酶活性。

第三节　甲烷抑制剂

一、概述

甲烷（CH_4）是一种重要的大气微量成分。甲烷温室效应的影响作用远高于 CO_2，对大气温室效应贡献量占 15%。大气中动物甲烷的排放量为 8.0 $\times 10^7$t，其中反刍动物占的比例较大，约为全球总量的 15%。反刍动物排放的 CH_4 是温室气体的重要来源。甲烷是反刍动物正常消化过程中的产物，动物瘤胃内甲烷主要是由甲烷菌通过 CO_2 和 H_2 进行还原反应产生的，化学性质稳定，一般在体内很难消化吸收，通常是以嗳气的方式排出体外，同时也造成能量的损失。因此，控制甲烷的产生，提高饲料利用率，提高生产性能，对减少大气污染、降低温室效应有重要意义。

调控甲烷生成主要途径有 3 种：一是生物学调控，即直接抑制产甲烷菌的生长，减少产甲烷菌的数量，从而减少甲烷的生成；二是通过减少生成甲烷的底物、生成量或通过替代性受体争夺，从而减少甲烷的生成量；三是通过特异性抑制甲烷菌合成甲烷途径中的某些酶的活性而抑制甲烷的生成。

凡是能对瘤胃甲烷菌生成甲烷的过程进行调控作用、能降低单位饲料甲烷生成量的添加剂，统称为甲烷抑制剂。一般包括离子载体化合物类、多卤素化合物类、有机酸类、植物提取物类等。

离子载体化合物类包括离子载体类抗生素，是由不同链霉素菌株产生的一类特殊抗菌素，化学上属于聚醚类，如莫能菌素和盐霉素等。它们主要是通过抑制细菌产生 H_2、甲酸，改变了瘤胃发酵类型，从而降低甲烷产量。它对甲烷菌没有抑制作用，而是使瘤胃革兰氏阳性菌转变为革兰氏阴性菌，从而使乙酸型发酵转变为丙酸型发酵。

多卤素化合物类包括氯化甲烷、三氯乙炔、水合氯醛、溴氯甲烷、多氯化醇、多氯化酸等，对甲烷生成菌均有毒害作用。其可改变瘤胃微生物的生长代谢，抑制 20%～80% 的甲烷产生，是最有效的甲烷抑制剂。其抑制作用为长链脂肪酸的 1000 倍，同时也显著降低了乙酸/丙酸的比例。其中，以碘代甲烷的作用最强。但由于卤代甲烷的挥发性较强，在生产上效果不是很令人满意。目前，使用较多的有水合氯醛、卤代醇、卤代酰胺等。它们在瘤胃中可以转变为卤代甲烷而发挥作用。

不同种类的有机酸，其降低甲烷产生的作用也不相同。研究表明，甲烷产量的降低往往伴随丙酸含量的升高，乙酸与丙酸的比例降低。甲烷产量降低，饲粮中添加丙酸前体物质可以促进瘤胃往丙酸型发酵转变。丙酸前体物质主要包括富马酸（又称反丁烯二酸、延胡索酸）和苹果酸。提高了除甲烷菌外的其他细菌对 H_2 和甲酸的利用，它们提供了新的电子转移途径，并且与甲烷菌竞争利用 H_2 和甲酸，从而抑制甲烷生成。

植物提取物类兼有营养和专用特定功能，可以改善动物机体代谢，促进生长发育，提高免疫功能及改善畜产品品质。植物提取物毒副作用小，无残留或残留少，不易产生抗药性。因此，作为新型甲烷抑制剂具有很大的开发和应用前景。茶皂素（从茶科植物中提取）、丝兰皂苷（丝兰提取物）等皂角苷可降低瘤胃原虫数量，增加丙酸含量，抑制甲烷的产生。单宁有明显的降甲烷效果，可以通过体外发酵添加单宁提取物，适量饲喂反刍动物来降低甲烷产量。林波研究发现，日粮中分别添加栗树单宁、椰子油、栗树单宁与椰子油的混合物对绵羊的生长无抑制作用，但均显著降低了瘤胃中产甲烷菌和原虫的数量，从而减少了甲烷排放量。添加牛至油和肉桂油可以抑制瘤胃发酵，也可降低甲烷排放量。

二、莫能菌素

（一）概述

莫能菌素，英文名 Monensin，分子式为 $C_{36}H_{62}O_{11}$，相对分子质量 670.88，属于聚醚类抗生素，别名瘤胃素、欲可胖。1967 年，首先由 Haney 等人从肉桂地链霉菌的发酵液中分离得到。常温下，莫能菌素呈白褐色或淡黄色，有特异性臭味，微溶于水，易溶于有机溶剂。莫能菌素可稳定存在于碱性环境中，但在酸性条件下失活。

（二）研究背景

莫能菌素作为饲料添加剂，在家禽、家畜中有着重要的作用。1971 年，美国批准莫能菌素作为鸡的抗球虫剂投入市场。它对于反刍动物和兔的球虫病也有良好的作用，对于猪痢疾密螺旋体等有较强的抗菌活性。另外，对于提高牛羊的体重、改善饲料转化率也有一定的促进作用。隋世慧等饲喂添加莫能菌素的饲料，能改善反刍动物瘤胃发酵，减少乙酸和促进丙酸的生成，降低乙酸、丙酸比，提高饲料利用率；瘤胃中乳酸堆积过多容易引起 pH 下降和酸毒症。莫能菌素可以有效抑制这类细菌，起到稳定瘤胃 pH 和减少病症的发生。莫能菌素在抑制瘤胃中革兰氏阳性菌活性的同时，减少了蛋白质水解和氨基酸的降解。这使氨气量和微生物蛋白质合成减少，增加了饲料中蛋白质和氨基酸被动物利用的机会，提高了饲料利用率。特别是添加莫能菌素，可改变泌乳牛瘤胃中产甲烷菌的数量和细菌多样性，从而影响瘤胃甲烷的生成。

（三）研究动态

瘤胃微生物将碳水化合物分解成挥发性脂肪酸、甲烷和二氧化碳等。花万里等综述了莫能菌素对反刍动物的作用机理与影响，莫能菌素可提高瘤胃发酵产生丙酸的比例，抑制甲烷、二氧化碳等气体产量，降低乙酸和丁酸所占的比例，提高代谢能用于生产净能的比例，从而提高反刍动物对能量和饲料的利用率。

薛秀梅通过体外培养法研究植物精油和离子载体抗生素对内蒙古白绒山羊瘤胃发酵、产气量的影响，以精粗比分别为 1∶9（羊草）、2∶8（羊草）、3∶7（羊草）、2∶8（苜蓿）日粮为底物，研究分别添加不同剂量植物精油麝香草酚（20 mg/L、100 mg/L、200 mg/L）和离子载体抗生素莫能菌素（5 mg/L、10 mg/L、20 mg/L）以及二者的组合剂（麝香草酚+莫能菌素=20 mg/L+4 mg/L、100 mg/L+18 mg/L、200 mg/L+36 mg/L）对瘤胃发酵的影响。研究发现，添加不同剂量植物精油和离子载体抗生素后，分别降低了甲烷产量，增加了产气量，对甲烷产量及产气量有显著影响。在 4 组不同精粗比例日粮中，以精粗比 2∶8（苜蓿）和 3∶7（羊草）型日粮为培养底物的瘤胃液甲烷产量和产气量显著增加。因此证实，适宜浓度的莫能菌素可以改变瘤胃发酵类型，增加丙酸浓度，显著抑制甲烷生成而不影响消化。日粮中添加莫能菌素的适宜添加量为 20 mg/L。但是，体外培养法得出的结果不能代表动物体内实际状况。香艳等采用呼吸代谢室法测定了莫能菌素对 17 月龄左右草原红牛瘤胃甲烷排放的影响，其分别给实验牛饲喂添加了 0. 36 g/d 莫能菌素、1. 75 g/d 吐温 80、0. 36 g/d 莫能菌素+1. 75 g/d吐温 80 的试验饲粮。试验发现，饲粮中添加莫能菌素能极显著增加草原红牛瘤胃液总挥发性脂肪酸浓度与丙酸比例，每增重 1 kg 的甲烷排放量降低了 31. 89%，显著降低单位增重的甲烷排放量，有利于提高饲料养分的消化利用效率。国外学者 Van Vugt、Odongo 等同样研究发现，莫能菌素使放牧奶牛的甲烷排放量下降 7%～10%，同时不影响奶牛干物质采食量和产奶量。Van 等通过 6 次试验发现，莫能菌素可以降低动物体内 25% 的甲烷产量，但长时间抑制效果不持久。

（四）前景展望

莫能菌素能通过影响细胞膜通透性、改变微生物代谢活动而抑制产甲烷菌、产氢菌和产甲酸菌，改变瘤胃发酵过程中产生的还原电子在不同受体之间的传递方向，使革兰氏阳性菌产生的甲烷、氢气、二氧化碳显著减少，从而达到减少甲烷排放量的目的。在动物饲料中，莫能菌素不仅具有抗球虫作用，还可以改善瘤胃发酵和降低甲烷排放、提高饲料利用率，从而提高生长效率。类似作用的添加剂还有拉沙里霉素等。作为甲烷抑制剂，同时兼备提高生长性能的作用，莫能菌素将受到养殖业的欢迎。

三、溴氯甲烷

张春梅研究发现，溴氯甲烷能通过作用于辅酶 B 来抑制甲烷生成。然而，溴氯甲烷由于挥发性太强而不适于用作饲料添加剂。李洋研究发现，溴氯甲烷-环糊精（BCMCD）复合物不仅具有良好的化学稳定性，能够延长溴氯甲烷在瘤胃中的作用；而且，在不影响瘤胃纤维消化率的情况下，明显降低了甲烷的生成量。May 等报道，添加溴氯甲烷-环糊精复合物，可以长时间抑制牛羊的甲烷生成，而且也未显著影响肉牛平均日增重与日采食量。因此，应用含有多氯素化合物的复合物来减少反刍动物甲烷的产生量具有现实意义。

郭嫣秋概述甲烷菌的特性以及瘤胃内甲烷生成的途径，综述了甲烷生成的调控手段。溴乙烷磺酸钠（BES）是一种有效的甲烷抑制剂，是辅酶 F（甲烷生成时与甲基转移有关）的溴化物。BES 是甲烷菌特异的抑制剂，它不会抑制其他细菌的生长。体内试验发现，其抑制效果短暂，可能甲烷菌对 BES 产生耐性。2-溴乙烷磺酸钠和甲基辅酶 M 还原酶的强烈抑制剂，均能显著抑制甲烷生成。体外研究表明，添加 BES 能特异性地抑制甲烷菌生长，显著抑制甲烷生成，而对瘤胃中的细菌总量无影响。尽管添加 BES 能抑制甲烷生成，但动物易对其产生抗药性，效果短暂。

四、延胡索酸

（一）概况

延胡索酸又称反丁烯二酸、富马酸、紫堇酸等，是最简单的不饱和二元羧酸。最早从延胡索中发现，也存在于多种蘑菇和新鲜牛肉中。反丁烯二酸与顺丁烯二酸互为几何异构体，反丁烯二酸加热至250～300 ℃转变成顺丁烯二酸。反丁烯二酸也能生成一元和二元酯或酰胺，但不能生成一元酰氯。它与五氯化磷或亚硫酰氯反应生成二元酰氯。反丁烯二酸经高锰酸钾氧化，生成外消旋酒石酸。

（二）研究背景

延胡索酸是生物体的重要中间代谢产物，同时也是一种重要的有机化工原料和大宗化工产品。广泛用于涂料、树脂、医药、增塑剂等领域，并可作食品添加剂和饲料添加剂。作为食品添加剂，可以广泛用于制备碳酸饮料、酒、浓缩固体饮料、啤酒、冰淇淋各种冷食和饮料。作为饲料酸味剂，可提高畜禽胃液的酸度，以提高畜禽对饲料的消化率。工业级延胡索酸用于生产不饱和聚酯树脂、增塑剂。将延胡索酸用碳酸钠中和，即得到反丁烯钠，进而用硫酸亚铁置换得到反丁烯二酸铁，是用于治疗小红细胞性贫血的药物富马酸亚铁。延胡索酸在畜牧生产中应用广泛。刘海涛研究表明，延胡索酸能提高饲料中有机物质吸收率，减少机体能量消耗，提高产品沉积能，促进增重，并影响瘤胃发酵参数。

（三）研究动态

延胡索酸可用于抑制瘤胃甲烷的产量。在奶牛日粮中添加延胡索酸，可以提高奶牛的干物质采食量及营养物质的表观消化率，提高生产性能，改善奶品质，同时降低了甲烷产量。延胡索酸不仅可以转移用于甲烷生成的 H_2，减少甲烷的产生，而且能促进纤维素分解菌增殖及对纤维素的消化。毛胜勇体外试验同样证实，添加延胡索酸二钠可以显著降低厌氧真菌发酵的总产气量、干物质消失率及羧甲基纤维素酶酶活。延胡索酸二钠在降低甲烷产量方面与发酵底物的天然特性有关，其中对高牧草日粮的作用效应最为显著。

五、苹果酸

（一）概况

自然界存在的苹果酸是L–苹果酸，是生物体糖代谢过程中产生的重要有机酸，广泛存在于生物体中。在不成熟的山楂、苹果和葡萄果实的浆汁中存在，也可由延胡索酸经生物发酵制得。未成熟苹果中含0.5%左右的有机酸，其中，L-苹果酸占97.2%以上，苹果酸因此而得名。

（二）研究背景

在反刍动物应用中，苹果酸不仅可以改善前胃和肠道内微生物区系，抑杀有害菌生长，促进有益菌增殖，调节瘤胃中 pH，防止乳酸中毒，促进前胃蠕动，促进营养消化吸收；而且，还直接参与体内代谢，提高营养消化率，改善饲料适口性，增强食欲。此外，还有抗应激作用。

研究表明，肉牛日粮中添加一定量的苹果酸，可线性增加肉牛的干物质采食量。但添加过量，却会造成肉牛干物质采食量和饲料转化率下降。而肉牛日粮中添加苹果酸，可减少肉牛瘤胃甲烷的释放量，对肉牛瘤胃特性有一定的积极作用。因此，在肉牛生产中，选择合适的苹果酸添加量对肉牛的生产有极其重要的意义。试验表明，在肉牛日粮中添加 8% 的苹果酸为最佳。可最大限度地提高肉牛的生产性能，同时也可最大限度地降低肉牛瘤胃中甲烷的排放量，从而对牛舍周围的空气质量起到明显的改善作用。

（三）生产工艺

生产苹果酸可分为化学合成法和发酵法两种。所不同的是，发酵法生产利用了微生物酶的立体异构专一性，生产的都是 L-苹果酸，是生物体内所存有和可以利用的构型；而合成法只能生产 DL-苹果酸，如果用于食品和药物，则有一半不能得到利用。因此，在苹果酸生产上，发酵法占有主导地位。目前，正在研究开发的发酵法生产 L-苹果酸的工艺主要有 3 类：

1. 一步发酵法

一步发酵法又称直接发酵法，即采用一种微生物直接发酵糖质原料或非糖质原料生成 L-苹果酸。利用淀粉质原料生产 L-苹果酸的微生物，目前主要有黄曲霉、米曲霉、寄生曲霉等。这些菌株大多具有糖化淀粉的能力，可以直接利用淀粉质原料，原料来源十分丰富，发酵工艺条件温和，产品成本低。因此，一步发酵法与其他方法相比更具有优势。

目前，我国通常采用直接发酵法生产苹果酸，工艺流程如图 6－3 所示。

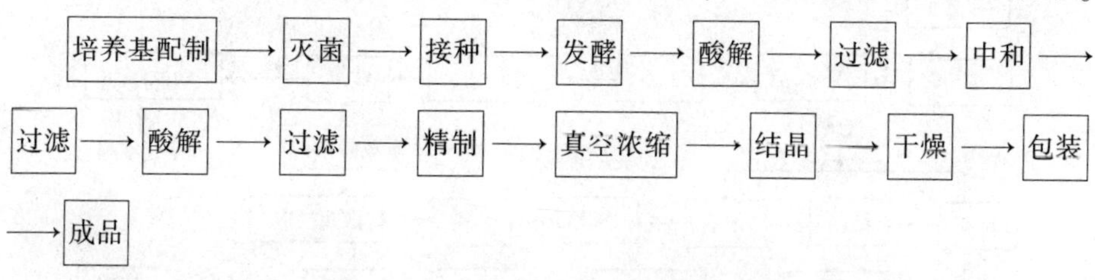

图 6－3　一步发酵法生产苹果酸工艺流程图

2. 两步发酵法

两步发酵法即采用两种不同功能的微生物，其中之一是先将糖质或其他原料发酵成富马酸，另一种微生物将富马酸转化成 L-苹果酸。两种微生物可先后加入，也可同时加入。两步发酵法由于涉及两种微生物，培养条件要求比较严格，发酵周期较长，产酸率相对较低，副产物较多，尚未实现工业化生产。工艺流程如图 6－4 所示。

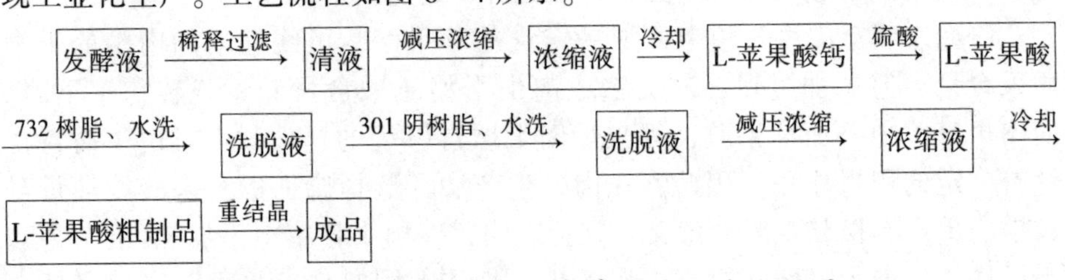

图 6－4　两步发酵法生产苹果酸工艺流程图

3. 固定化酶或细胞转化法

利用具有高活性富马酸酶的微生物细胞或富马酸酶，采用固定化酶或细胞反应器，将富马酸转化成苹果酸。虽然固定化细胞和固定化酶均有应用，但由于酶的提取技术复杂、收率不高、成本昂贵，因而在实际生产中多用固定化细胞。

固定化细胞生产 L-苹果酸的工艺流程见图 6－5、图 6－6。

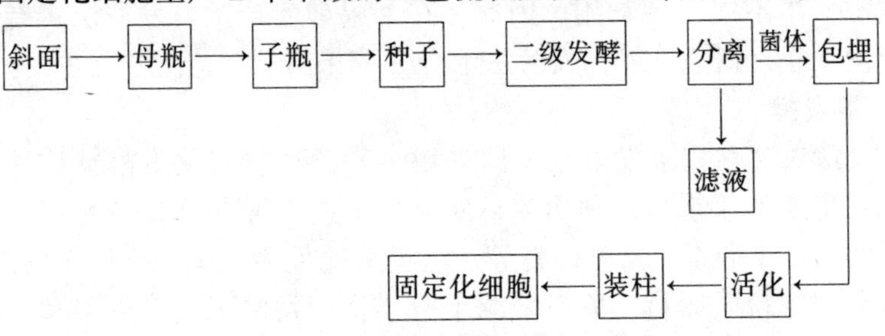

图 6－5　固定化细胞制备工艺流程图

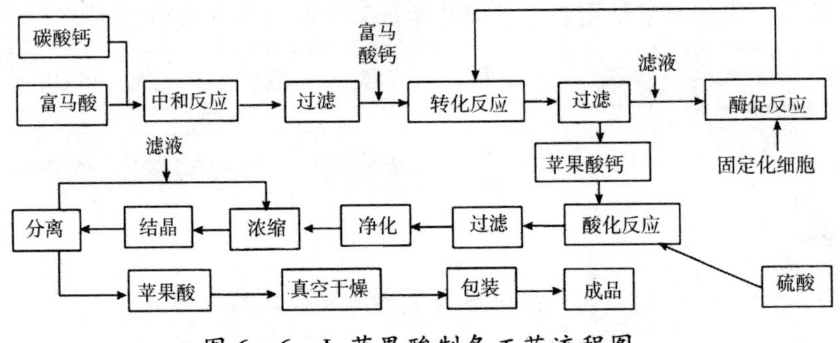

图 6－6　L-苹果酸制备工艺流程图

（四）研究动态

苹果酸最常见的是左旋体（L-苹果酸），存在于不成熟的山楂、苹果和葡萄果实的浆汁中。苹果酸作为酸化剂和病原微生物的抑制剂，早就应用于单胃动物，目前在反刍动物中也大量应用。Devant 研究发现，泌乳早期奶牛饲喂 84 g/d 苹果酸可增加产奶量，同时提高精饲料采食量。李旦等体外法研究发现，苹果酸对发酵瘤胃液脂肪酸的组成及含量没有影响，对瘤胃甲烷产量有显著抑制作用，总产气量和 CH_4 产量均降低。庞学东等、董群等添加苹果酸改善了瘤胃发酵，提高了瘤胃 pH 和丙酸比例，显著降低了 NH_3-N、乙酸与丙酸比例。

六、茶皂素

（一）概况

茶皂素又名茶皂苷，是由茶树种子中提取出来的一类糖苷化合物。在茶皂素分子结构中，糖体一端为亲水基团，通过醚键与另一端疏水基相连接，疏水基团有以酯键形式相连接的苷元与有机酸构成，因而具备了能起表面活性作用的条件。

1931 年，日本学者青山新次郎首次提取出了茶皂素，但当时没有得到纯结晶。1952 年，日本东京大学的石镐守山和上田阳才分离出茶皂素的纯结晶体。国内对茶皂素的研究起步较晚，始于 20 世纪 50 年代末，到 80 年代才有较大的进展。

（二）功能

茶皂素是一种性能优良的表面活性剂，它的临界胶束浓度（CMC）为 0.5%左右，其起泡力强，比油茶皂素、皂荚皂素都强，且几乎不受水质硬度而改变。在 pH 值为 4 ～ 10 范围内发泡正常且稳定性好，泡沫稳定性相当持久，具有良好的湿润性，对固体微粒分散作用明显，对石蜡的乳化性能及乳化液稳定性均优于油酸铵和油酸钠；茶皂素还有良好的去污性能，特别是对于蛋白质纤维素的丝、毛织物，洗涤后有较好的光泽及手感，毛织物不缩绒。

（三）生产工艺

天然茶皂素是由各类茶籽（茶、山茶、油茶）榨油后的茶籽饼中提取而成。茶籽饼又称茶枯、茶籽渣。我国于 1979 年首次以工业方法从脱脂茶籽饼中分离出茶皂素，1980年投入生产。

1. 水浸法

我国早在20世纪50年代就有人对水浸法提取茶皂素进行过研究，其原理是利用茶皂素溶解于热水的性质，用热水作为浸提剂提取茶皂素。工艺流程如图6－7所示。

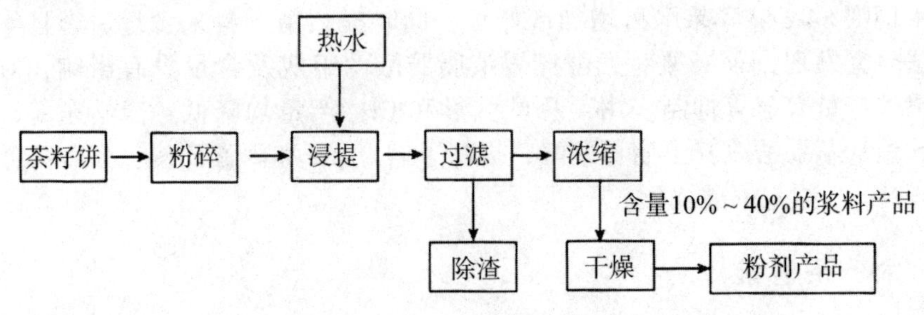

图6－7　水浸法提取茶皂素工艺流程图

2. 有机溶剂法

常用含水甲醇或含水乙醇作浸提剂，有时也用正戊醇为辅助试剂。由于甲醇毒性的限制，大多用乙醇作为浸提剂。工艺流程如图6－8所示。

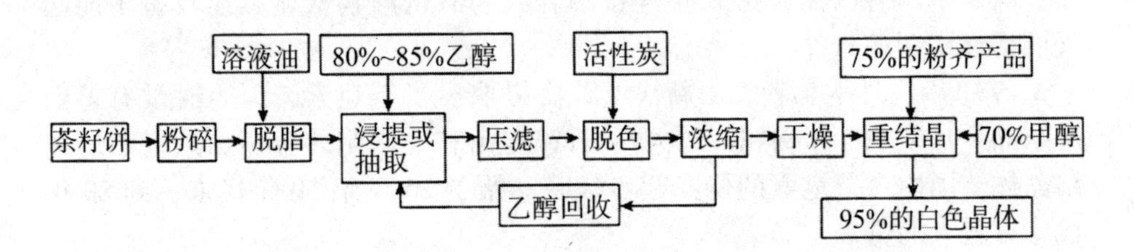

图6－8　有机溶剂法提取茶皂素工艺流程图

3. 水提取-沉淀法

水提取-沉淀法是用热水作为浸提剂，并在浸提剂中加入一定量的沉淀剂CaO，使茶皂素转化为沉淀，从而与杂质分离；再将分离出的沉淀物用离子转换剂转沉淀，释放出纯的茶皂素。提取茶皂素工艺流程如图6－9所示。

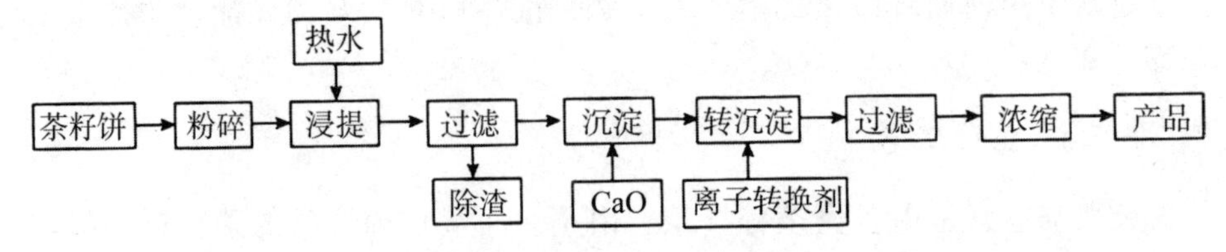

图6－9　水提取-沉淀法提取茶皂素工艺流程图

4. 水提-醇萃法

水提-醇萃法是在综合了水提法、有机溶剂法、水提取-沉淀法三者优点的基础上，根据茶皂素易溶于热水和乙醇、不溶于冷水的性质，用热水作为浸提剂；而后，于浸提液中加入一定比例的絮凝剂 $Al_2(SO_4)_3$；沉淀除杂冷却后，再用质量分数为95%的乙醇转萃提纯的一种方法。工艺流程如图6-10所示。

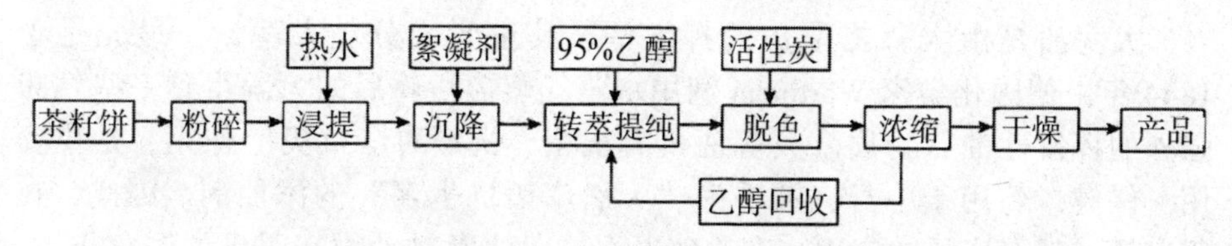

图6-10 水提-醇萃法提取茶皂素工艺流程图

（四）研究动态

茶皂素作为一种天然添加剂，在畜牧中被广泛应用。近年来研究发现，茶皂素可以调控反刍动物瘤胃发酵模式，减少甲烷排放的功能。研究表明，茶皂素不但能抑制瘤胃原虫，而且能显著促进瘤胃发酵，增加丙酸产量，抑制甲烷的产生。此外，叶钧安发现，添加适量的茶皂素可以促进湖羊生长，并且可以提高饲料利用率。Hu 等利用体外产气在每200 mg瘤胃培养液中添加茶皂素2 mg、4 mg、6 mg和8 mg，与对照组比较，甲烷产量分别降低了13%、22%、25%和26%。研究得出，添加茶皂素可以降低瘤胃甲烷产量。周弈毅利用简易呼吸代谢室测定了茶皂素和驱原虫对湖羊甲烷产量的影响，研究分为具虫基础料组、具虫茶皂素组、驱虫基础料组、驱虫茶皂素4个组。结果显示，添加茶皂素和瘤胃去原虫均可有效抑制甲烷排放。Hess 等研究表明，皂苷可能直接作用于甲烷菌，从而减少甲烷生成。陈丹丹采用 Sable 开路式循环气体代谢系统对饲喂0 g/d、1.6 g/d、2.0 g/d、2.4 g/d茶皂素的肉羊瘤胃甲烷排出量进行了实测。研究发现，饲粮中添加茶皂素，可以减少甲烷的日排出量，2.0 g的添加量可以减少甲烷日排放量12.26 L，并且显著降低干物质采食量基础甲烷排放量（CH_4 L/kg · kg^{-1} DMI）、代谢体重基础的甲烷排放量（CH_4 L/kg$W^{0.75}$）及单位代谢体重在每千克干物质采食量的甲烷排放量（CH_4 L/kg$W^{0.75}$ · kg^{-1}DMI）（$P<0.05$），2.0 g/d的添加量抑制单位代谢体重在每千克干物质采食量的甲烷排放量（CH_4 L/kg$W^{0.75}$ · kg^{-1}DMI）效果最佳；添加茶皂素还降低了甲烷能占食入总能的比例，增加了总能用于代谢的能量，从而提高肉羊机体对能量的利用率。该研究也证实，添加茶皂素在一定程度上影响瘤胃发酵参数，减少甲

烷菌与原虫的数量，而对主要的纤维分解菌有升高的作用，有利于瘤胃发酵。

七、大蒜油

（一）概况

大蒜油是由大蒜提取出的挥发油，其主要成分是大蒜素。最先是于1844年由德国化学家Wertheim利用水蒸气蒸馏粉碎后的大蒜得到一些气味强烈的挥发性油状物质。大蒜油具有抗菌、抗病毒、抗炎等作用，是集食用、保健、药用于一身，被誉为“天然广谱抗生素”的添加剂。因此，在很多领域都有广泛的应用。在养殖方面，大蒜素对动物有明显的诱食作用，且在体内具有杀菌、抗氧化作用，并能增强动物免疫功能。在各种动物饲料中添加大蒜素，可提高动物的采食量和饲料转化率，提高动物的成活率，减少发病率，并能改善动物产品肉质，是一种极有应用价值的饲料添加剂。大蒜油作为天然的植物提取物，近几年越来越多地被用于动物生产实践中。

（二）生产工艺

大蒜油的提取工艺主要有水蒸气蒸馏法、溶剂萃取法、超临界萃取法、超声辅助提取法及微波辅助提取法等。

1. 水蒸气蒸馏法

水蒸气蒸馏法的原理是将水蒸气通入不溶于水或难溶于水但具有一定挥发性的有机物质中（大蒜油具有一定的挥发性），使该有机物在低于100 ℃的温度下随水蒸气一起蒸馏出来，再经进一步分离获得较纯物质。本法的一般工艺流程为：大蒜去皮→洗净→加水捣碎→酶解→水蒸气蒸馏→油水分离→大蒜油。

水蒸气蒸馏法具有设备简单、成本低、稳定性好等特点，是最常用的方法之一。但是，因发酵和蒸馏温度相对较高，蒜氨酸酶的活性下降，大蒜素有损失，使出油率较低。而且，所得的蒜油有一股熟味，不够清新。

2. 溶剂萃取法

大蒜油微溶于水，易溶于乙醇、苯、乙醚等有机溶剂。利用这一性质，可以用有机溶剂将大蒜油浸提出来。该法得到的大蒜油与水蒸气蒸馏获得的大蒜油没有明显的区别。有机溶剂的选择是关键，要求该溶剂对大蒜油的溶解性好，浸提结束后易于分离，沸点差异显著，不含其他不良气味和溶剂残留。溶剂法的一般流程为：大蒜去皮→洗净→捣碎→酶解→溶剂萃取→蒸馏分离→回收溶剂→大蒜油。

3. 超临界 CO_2

萃取法超临界流体萃取技术，是一种新型的萃取分离技术。该技术是利用流体在临界点附近某一区域内，与待分离的溶质有异常相平衡行为和传递性能，且对溶质溶解能力随压力和温度改变以及在相当宽的范围内变动这一特性而达到溶质分离的一项技术。因 CO_2 无毒性、价格便宜，常被作为萃取剂。超临界 CO_2 萃取大蒜油一般流程为：大蒜去皮→洗净→捣碎→装填萃取柱→密封→超临界萃取→降压→大蒜油。

4. 超声辅助提取法

超声提取在天然产物有效成分提取方面有突出作用。超声波能有效地打破细胞边界层，使扩散速度增加；同时，提高了破碎速度，缩短了破碎时间，可显著地提高提取效率。浸提过程中无化学反应，被浸提的生物活性物质活性不减。

5. 微波辅助提取法

微波是一种频率范围在 300 ～ 300000 MHz 的电磁波，极性分子在微波电场的作用下，以每秒 24.5 亿次的速率不断改变其正负方向，使分子高速地碰撞和摩擦而产生高热。为加快大蒜素的浸出速度并提高浸出效率，不少研究者采用微波辅助提取的手段，结果表明效果显著。

（三）研究动态

有关大蒜油降低反刍动物甲烷排放的研究较多。陆燕通过体外培养法在大蒜油和脱臭大蒜油的 0 mg/L、30 mg/L、50 mg/L、100 mg/L、300 mg/L和 500 mg/L 的 5 个添加水平上研究对瘤胃发酵、甲烷生成和微生物区系的影响。研究发现，适宜浓度（50 mg/L）的大蒜油可以改变瘤胃发酵类型，增加丙酸摩尔浓度百分比，显著抑制甲烷生成而不影响消化。朱智采用体外法研究了不同精粗比（10∶0、7∶3、5∶5、3∶7）时，向发酵液中添加大蒜油（0 mg/L、30 mg/L、300 mg/L 和 3000 mg/L）对瘤胃微生物厌氧发酵24 h的影响。相对于其他发酵底物，在高精料时，30 mg/L 和 300 mg/L大蒜油的 24 h 产气量和 TVFA 浓度的降低较小，而 NH_3-N 浓度、乙酸比例和乙酸/丙酸的降低以及丙酸比例的增加比较明显。大蒜油抑制体外发酵存在剂量依赖效应，具有延缓发酵进程的特点。高精料时，中等水平大蒜油对发酵的抑制作用较小，对发酵的优化作用更明显。

Bisquet 体外产气试验中，分别添加 300 mg/L 大蒜素、二烯丙基二硫化物（DAD）、烯丙硫醇（ALM），甲烷产量分别降低了 73.6%、68.5% 和 19.5%。在这 3 种含硫化合物中，大蒜素抑制甲烷的效果最显著，可能是因为大蒜素中含带硫醚基。Busquet 研究表明，添加 3 mg/L、30 mg/L、

300 mg/L、3000 mg/L 大蒜素，抑制了甲烷的产生，且乙酸浓度降低，丙酸和丁酸的浓度升高。Kamra 和 Bodas 在体外产气试验中发现，添加大蒜素后总挥发性脂肪酸和丙酸浓度显著升高，乙酸浓度显著降低，乙酸与丙酸比值降低，而对原虫数量无影响。这表明大蒜素抑制甲烷产生的机制并不是通过抑制原虫活性，可能是由于氢利用率增强，由乙酸型发酵向丙酸型发酵转化。

陈丹丹采用 Sable 开路式循环气体代谢系统对饲喂 0 g/d、0.5 g/d、1.0 g/d、1.5 g/d、2.0 g/d、2.5 g/d 大蒜素的肉羊瘤胃甲烷排出量进行了实测。研究发现，饲粮中添加大蒜素可以减少甲烷的日排出量。1.0 g 的添加量可以减少甲烷日排放量 9.2 L，并显著降低代谢体重基础的甲烷排放量（CH_4 L/kgW$^{0.75}$）；2.0 g 的添加量使干物质采食量的甲烷排放量（CH_4 L/kg · DMI）和单位代谢体重在每千克干物质采食量的甲烷排放量（CH_4 L/kgW$^{0.75}$ · kg^{-1}DMI）低于其他添加水平组。试验结果表明，2.0 g 的添加量抑制单位代谢体重在每千克干物质采食量的甲烷排放量（CH_4 L/kgW$^{0.75}$ · kg^{-1}DMI）效果最佳；添加大蒜素还降低了甲烷能占食入总能的比例，增加了总能用于代谢的能量，从而提高肉羊机体对能量的利用率。该研究也证实，添加大蒜素在一定程度上影响瘤胃发酵参数，减少甲烷菌与原虫的数量，而对主要的纤维分解菌有升高的作用，有利于瘤胃发酵。

第四节　饲料与动物产品保质改良剂

饲料保存不当会变质，影响饲料的适口性，降低营养价值，甚至产生有毒有害物质，直接危害动物健康。在饲料保存过程中，空气中的氧对饲料组分的氧化和霉菌在饲料中的繁殖是饲料变质的主要原因。为了使饲料在贮存期间质量不受影响，可用饲料保存添加剂。其中，一种是抗氧化剂；另一种是防霉剂。

一、抗氧化剂

（一）概述

饲料中一些成分，尤其是油脂、脂溶性维生素（维生素 A、维生素 D、维生素 E 等）在空气中易被氧化，进而受理化因素作用而引起分解。在饲料中添加抗氧化剂，可防止上述过程发生，保证饲料质量。饲料中常用的抗氧化剂有：丁羟甲苯（butyl hydroxy toluene，BHT）、丁羟甲氧基苯（butyl hydroxy anisol，BHA）、乙氧基喹啉（ethoxyquin，又名山道喹）、柠檬酸、磷酸、维生素 E 等。

一般地，配合饲料中抗氧化剂的用量为 0.01% ~ 0.05%。若配合饲料中脂肪含量超过 6%，或维生素 E 严重缺乏时，则应增加用量。

抗氧化剂中，山道喹有较好的抗氧化作用。每吨苜蓿干草粉中加入 200 g山道喹，保存 1 年，仅损失 30%胡萝卜素和 20%叶黄素，而未加抗氧化剂的干草粉中胡萝卜素和叶黄素损失量分别为 70%和 30%。

选择人工合成的抗氧化剂时，须考虑其对动物无害，剂量低、活性高、成本少，使用易，且不影响动物产品的品质。

人工合成的抗氧化剂一般较天然抗氧化剂从体内排出得快，基本上不在组织中蓄积。据测定，BHT 在肥育阉仔鸡体内残留量很少，在停药后 2 天，就有约 90%的 BHT 从体内排出。

饲料中的油脂或饲料中所含有的脂溶性维生素、胡萝卜素及类胡萝卜素等物质易被空气中的氧氧化、破坏，使饲料营养价值下降、适口性变差，甚至导致饲料酸败变质，所形成的过氧化物对动物还有毒害作用。在饲料中添加一定的抗氧化剂，可延缓或防止饲料中物质的这种自动氧化作用，能够阻止或延迟饲料氧化，提高饲料稳定性和延长储存期。抗氧化剂种类繁多，按其存在方式可分为天然抗氧化剂和人工合成抗氧化剂两类，按其作用性质不同又可分为还原剂、阻滞剂、协同剂和螯合物 4 类。

农业部第 1126 公告《饲料添加剂品种目录（2008）》规定，饲料抗氧化剂为乙氧基喹啉、丁基羟基茴香醚（BHA）、二丁基羟基甲苯（BHT）、没食子酸丙酯（PG）。

此外，我国食品抗氧化剂［如叔丁基对苯二酚（TBHQ）等］添加在饲料中也有较好的抗氧化作用。欧盟、FDA 规定，抗坏血酸钙、抗坏血酸棕榈酸酯等可作为饲料抗氧化剂。开发和利用天然抗氧化剂将成为当今饲料行业发展的方向。

柠檬酸、酒石酸、苹果酸、磷酸等本身虽无抗氧化作用，但对金属离子有封闭作用，使金属离子不能起催化作用。与抗氧化剂同时使用，可增进抗氧化剂的作用效果。同时，两种抗氧化剂合用有相加作用。

（二）饲料中常用抗氧化剂的来源、功能和生产工艺

第三章中对抗氧化剂的种类和使用安全已做介绍，本节着重介绍抗氧化剂的来源、功能和生产工艺。

1. 乙氧基喹啉的来源、功能和生产工艺

（1）来源。以对氨基苯乙醚及丙酮为原料制得。

（2）功能。具有较强抗氧化作用，还具有较好的防霉效果且使用方便。该产品的最大缺点是色泽变化太大。如长期储存或暴露于日光下，该产品则会由于微量氧化产生的深色产物导致全部产品的色泽变深。在预混料中大剂量使用时，甚至会造成饲料颜色明显变化，但对预混料的品质并无影响。

（3）生产工艺。乙氧基喹啉在不同催化剂作用下加热制得。

2. 二丁基羟基甲苯（BHT）的来源、功能和生产工艺

（1）来源。以对甲酚、异丁醇为原料，以浓硫酸作为催化剂，氧化铝作为脱水剂合成。

（2）功能。具有较强抗氧化作用。对热稳定，可用于长期保存含油脂较高的饲料，对亚油酸脂质过氧化的抑制作用最强。

（3）生产工艺。BHT 为化学合成制得。可通过用喷雾干燥法生产 BHT 微胶囊化剂型产品。

3. 丁基羟基茴香醚（BHA）的来源、功能和生产工艺

（1）来源。由叔丁醇与苯二酚反应生成 2-叔丁醇对苯二酚，再在锌粉作催化剂下与硫酸二甲酯反应制得。

（2）功能。饲料抗氧化剂，能够阻止或延迟饲料氧化，有较强抗菌力。不仅可抑制黄曲霉毒素的产生，还可抑制饲料中生长的其他菌类（如毒霉、黑曲霉等）的孢子生长。

（3）生产工艺。BHT 为化学合成制得。

4. 没食子酸丙酯（PG）的来源、功能和生产工艺

（1）来源。没食子酸和正丙醇以硫酸为脱水剂，加热酯化生成没食子酸丙酯。

（2）功能。抗氧化作用强于丁基羟基茴香醚（BHA）和二丁基羟基甲苯（BHT）。

（3）生产工艺。没食子酸的传统生产方法是酸水解法和碱水解法。近年来，微生物发酵法和酶转化法研究正在兴起。黑曲霉 B0201 直接生料固体发酵生产单宁酶，提取单宁酶酶法制备没食子酸，形成微生物酶分步制备没食子酸的工艺。

（三）饲料中新型抗氧化剂的来源、功能和生产工艺［以叔丁基对苯二酚（TBHQ）为例］

（1）来源。对苯二酚与叔丁醇或异丁烯，以强酸（磷酸）为催化剂加热制备。

（2）功能。在我国叔丁基对苯二酚为食品抗氧化剂。作为一种新型高

效的饲料抗氧化剂，TBHQ 可延缓饲料因氧化而引发的各种不利变化。TBHQ 有较强的抗氧化能力。对于植物性油脂，几种常用饲料抗氧化剂的效果比较为 TBHQ>PG（没食子酸丙酯）>BHT（二丁基羟基甲苯）>BHA（丁基羟基茴香醚）；对于动物性油脂，TBHQ>PG>BHA>BHT。TBHQ 还有明显的抑菌作用，在酸性条件下其抑菌能力较强。

（3）生产工艺。国内外企业现有生产工艺都采用强酸作催化剂，工艺较成熟，但成本较高。张根荣等采用微波辐射的方法来合成叔丁基对苯二酚，在 400 W 的微波辐射作用下，可使反应时间缩短至 0.5 h，也有比较理想的收率。

（4）使用方法。饲料行业将 TBHQ 添加量暂定为饲料油脂中脂肪含量的 200 mg/kg。根据 NOEI 值每天 72 mg/kg 体重和安全系数 100，将 TBHQ 的 ADI 值最终确定为 0 ～ 17 mg/kg，在油脂中添加量为 200 mg/kg。

二、防霉剂

（一）概述

饲料中含有丰富的蛋白质、淀粉、维生素等营 养成分，在高湿、高温的条件下，容易因微生物的繁殖而产生腐败霉变。饲料一旦染了霉菌，其饲用价值就会降低，这是因为霉菌生长繁殖要消耗最易利用的养分。若霉菌生长已很明显，其饲用价值至少降低了 10%。发霉特别严重的饲料，其饲用价值不仅会等于零，且可能为负值，致使动物霉菌毒素中毒，甚至死亡。防霉剂可以渗入霉菌细胞内，干扰或破坏细胞内各种酶系，减少毒素产生和降低其繁殖能力。在饲料中应用防霉剂是防止饲料霉变行之有效的方法。

（二）主要防霉剂产品的来源、功能和生产工艺

第三章中对防霉剂的种类和使用安全已做介绍，本节着重介绍防霉剂的来源、功能和生产工艺。

1. 甲酸类的来源、功能和生产工艺

（1）来源。甲醇和一氧化碳在催化剂甲醇钠存在下反应，生成甲酸甲酯，再经水解生成甲酸和甲醇，甲醇循环送入甲酸甲酯反应器，甲酸再经精馏即可得到不同规格的产品。

（2）功能。甲酸可以调节酸度，提高水溶性碳水化合物的含量，降低 pH 及有机酸和氨态氮的含量；在青贮过程中，如果产生高温发酵，就必然损耗大量糖和蛋白质，添加甲酸可抑制蛋白质的降解调节温度。

青贮时添加甲酸，消化率可以提高3%左右，提高能量转化率。甲酸可以控制有害菌增殖，有害菌分离营养价值高的养分生成氨和丁酸，使青贮品质下降。丁酸含量高的青贮，其蛋白质的利用率很低，添加甲酸后迅速降低pH，从而控制有害菌增殖，促进乳酸菌繁殖，把糖分解为乳酸，最终获得优质青贮。从青贮原料收割开始到饲喂，这一全过程中的干物质损失达20%～30%（优质青贮也在25%左右）。通过添加甲酸处理，可以降低干物质损失率，特别是对干物质和水溶性碳水化合物含量低的牧草保存效果更佳。

甲酸是有机化工原料之一，广泛用于农药、皮革、染料、医药和橡胶等工业。可直接用于织物加工、鞣革、纺织品印染，也可用作金属表面处理剂、橡胶助剂和工业溶剂。在有机合成中，用于合成各种甲酸酯、吖啶类染料和甲酰胺系列医药中间体。甲酸是种强酸，腐蚀性强。因此，在实际生产中常用甲酸铵代替。

（3）生产工艺。甲酸是甲醇深加工的重要产品之一，生产方法很多，如甲酸钠法、丁烷液相氧化法、甲酸甲酯水解法等。合成甲酸主流工艺是CO和甲醇羰基合成甲酸甲酯，甲酸甲酯进一步水解制得甲酸。作为甲酸原料的甲酸甲酯合成工艺已较为成熟。目前，甲酸生产工艺技术突破的重点是进行低能耗、高收率的甲酸甲酯水解工艺开发。

一种粉末甲酸的生产方法，主要包括：

步骤1：粉碎。将饲料级载体加入粉碎机粉碎，过300目筛。

步骤2：混合。将25～35重量份的步骤1所得饲料级载体和15～25重量份的饲料级甲酸加入混合机中，在35～40 ℃的温度下混合，混合时间不低于30 min。

步骤3：筛分。将步骤2所得的物料用筛机筛分，即得所述的粉末甲酸。

该方法生产的粉末甲酸，质量稳定、均匀，分散性好，不结块，可用作各种饲料的添加剂，也可用作防腐剂。

（4）甲酸在生产中的应用。添加甲酸青贮是目前国外广泛使用的一种加酸青贮方法。挪威近70%的青贮添加甲酸，英国自1968年后亦广泛采用。其用量是每吨青贮原料加85%甲酸2.85 kg，美国用量为每吨青贮原料加90%甲酸4.53 kg。一般添加量为青贮原料重量的0.3%～0.5%或2～4 mL/kg。秦立刚等研究发现，添加甲酸可以显著降低青贮饲料的pH，极显著降低氨态氮含量，极显著提高乳酸含量。郭金用甲酸青贮明显提高了干物质的瘤胃动态降解率，甲酸青贮虽能降低氨的产生，但也能降低蛋白质在瘤胃和肠道中的消化性。

甲酸与甲醛混用在生产中，单用甲酸处理青贮料，费用较高且有腐蚀性；而用高浓度甲酸处理青贮料，家畜的消化率及干物质采食量均下降；低浓度甲酸却助长了梭菌的生长。一般认为，用低浓度的甲酸与甲醛合用效果较好。甲酸主要起发酵抑制剂作用，而甲醛则保护蛋白质使之不致在瘤胃中过分分解。万江虹研究发现，单独添加甲酸、甲醛或两者以不同比例混合添加，均使青贮料的蛋白质含量降低，粗纤维含量下降，而无氮浸出物含量增加。其中，甲酸与甲醛以 3∶1 比例添加时，无论外观品质还是综合营养成分均较单独加甲酸或甲醛效果好。甲酸和生物性添加剂合用，可以明显改善青贮料的营养成分。史占全以猫尾草（DM 为 17.2）为原料，添加甲酸和乳酸杆菌进行青贮。结果发现，乳酸菌在青贮早期产生量较多，这对抑制不良微生物发酵有良效。同时，青贮料的最终乳酸含量显著高于一般青贮和甲酸青贮，而丙酸、丁酸和氨态氮含量明显降低；乳酸和乙酸的比值（L/A）显著提高，表明乳酸菌在青贮过程中使同质发酵程度增加。此外，许怀让实验证明，甲酸与植酸酶在猪料当中具有协同作用。在仔猪饲料中分别添加甲酸或植酸酶，仔猪日增重只能分别提高 10% 和 12%；如二者合并添加，日增重提高可达 26%。

荣辉等为评价甲酸对象草青贮发酵品质的影响，发现添加2.2 mL/kg甲酸的处理在青贮后期酸化作用减弱，使象草的发酵品质和营养品质变差，而添加 4.4 mL/kg 以上甲酸能有效地保存象草的营养物质。林金宝以收获马铃薯块茎后的马铃薯茎叶为原料，以甲酸为添加剂进行青贮饲料调制试验。结果显示，随甲酸添加量的增加，青贮料的感官指标呈向好趋势。添加量 1.5% 时，均为 1 级优良，发酵效果最佳，pH 显著降低，乳酸含量升高，乙酸含量显著降低，丁酸不产生或较少产生。夏传红等研究结果显示，添加甲酸可以显著降低西瓜皮青贮饲料的 pH 及 NDF 和 ADF 的含量，不同甲酸处理间西瓜皮青贮饲料的 CP、青贮渗出液生成率及生化需氧量没有显著差异。邓卫东等一研究添加甲酸和丙酸对甘蔗梢青贮品质的影响结果表明，甘蔗梢青贮添加 0.5% 丙酸的 pH 和体外干物质消化率分别为 3.9% 和 53.33%，青贮品质最好，添加 0.3% 甲酸青贮品质最差。张磊研究添加剂对象草和意大利黑麦草青贮发酵品质及有氧稳定性影响发现，两种青贮的消化率差异很少，但甲酸、甲醛青贮的代谢能却显著高于甲酸单独青贮。用牛喂青贮料，每天再补充大麦 1.5 kg，结果甲酸—甲醛青贮的代谢能采食量和日增重都显著高于甲酸单独青贮。

2. 丙酸及其盐类的来源、功能和生产工艺

丙酸及其盐类是世界公认的一种经济实惠、安全有效的防腐剂，与其他防腐剂相比，丙酸及其盐类具有许多无可比拟的优越性。一些国家早已

普遍使用丙酸及其盐取代了毒副作用大的苯甲酸钠和成本较高的山梨酸钾。丙酸盐类主要是指丙酸钙、丙酸钠和丙酸铵等。丙酸盐只有转变成丙酸才能发挥作用，因为发挥防腐防霉作用的有效成分均为丙酸分子，其转变过程受到水分、pH 等条件的影响。

（1）来源。工业上丙酸是通过四羰基镍催化剂存在下，乙烯的加氢羧化反应制得；丙醛氧化；乙醇羧化等。20 世纪 60 年代以前，丙酸主要由生产某些产品时副产得到，如石蜡烃硝化、糖蜜或淀粉发酵过程、木材干馏、轻质烃氧化醋酸等过程皆副产少量丙酸。

（2）功能。丙酸作为一种挥发性液体，在饲料储存过程中不断挥发产生的丙酸蒸汽与饲料表面充分接触，起到均匀、广泛、高效的抑菌作用，但热稳定性不好。在储存过程中损失快，药效持续力短，不利于饲料长期保存。容易被饲料中的钙盐或蛋白质中和，从而降低或失去活性。丙酸盐类具有耐高温、不挥发、不受饲料中其他成分影响、腐蚀低、刺激小、适合饲料长期储存等优点，其丙酸铵、丙酸钠、丙酸钙主要作为青贮饲料保存剂，广泛用于牛、羊和家禽饲料，但过高的丙酸盐用量会影响饲料的适口性。

（3）生产工艺。丙酸的生产方法包括化学合成法和微生物发酵法，化学合成法主要有羰基合成法和液相氧化法。目前，工业生产中最常用的方法有丙醛氧化法、雷帕法和轻质烃氧化法。雷帕法又称乙烯羰基合成法，它以乙烯为原料在羰基镍催化下与一氧化碳和水反应生成丙酸。

丙酸钠的生产工艺：将碳酸钠投入中和反应器中，加水搅拌，使之溶解，再慢慢加入丙酸调节反应液 pH 值在 6.8 ～7.3，加热至沸腾，待冷却后加入碳粉脱色，用少量无水丙酸洗涤、干燥即可制得丙酸钠成品。丙酸钙的制得一般以丙酸和氢氧化钙为原料及以丙酸和碳酸钙为原料。这两种工艺简单、操作方便。还有以丙酸和石灰乳为原料制备丙酸钙生产工艺，如图 6 - 11 所示。

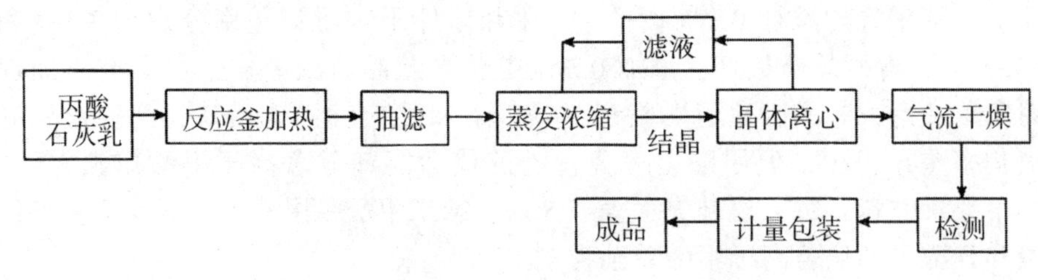

图 6 - 11　丙酸钙生产工艺流程图

（4）丙酸及其盐类在生产上的应用。青贮饲料的温度和 pH 升高，会导致青贮饲料的营养物质损耗及腐败，并降低青贮饲料适口性。丙酸是一种高效的抗真菌挥发性脂肪酸，主要通过阻止酵母菌、霉菌等好氧性微生物对水溶性碳水化合物和乳酸的同化作用，作为青贮发酵抑制剂应用在青贮中，有效地抑制青贮饲料中酵母菌和霉菌的活性，降低乙酸的含量，提高乳酸的含量。张增欣等在实验室条件下制备多花黑麦草青贮饲料，评定不同浓度丙酸对其青贮发酵动态变化的影响，得出 0.25% 的添加水平，多花黑麦草青贮发酵品质最好。藏艳运等以全株玉米为研究材料，通过对其发酵品质和化学成分的分析，探讨添加丙酸、尿素、丙酸+尿素对袋装全株玉米青贮品质的影响。结果发现，全株玉米可以单独调制出良好的青贮料，添加丙酸可以降低青贮饲料的 pH、乙酸和氨态氮含量，并能显著提高全株玉米青贮乳酸含量。

丙酸钙对霉菌、革兰氏阴性菌、黄曲霉素等敏感，具有独特的防霉防腐性质。近年来，随着抗生素药物添加剂的使用受到限制，丙酸钙、丙酸钠等常被用于饲料中。郭刚等以瘘管牛为研究对象发现，日粮中添加 200 g/d的丙酸钙可以提高肉牛的能量沉积和氮沉积。王聪等以 32 头经产奶牛为研究对象，结果显示，日粮添加丙酸钙对奶牛的采食量、乳脂率、乳蛋白率、乳糖率和乳干物质率无显著影响，200 g/d、300 g/d 组产奶量和饲料转化率显著高于对照组。由此得出结论，丙酸钙适宜添加量为 200 g/d。张心壮等研究发现，高精料育肥期添加 200 g/d 的丙酸钙没有显著提高肉牛的生长性能，作用效果不明显。胡彩虹等研究丙酸钠对肥育猪胆固醇代谢的影响，得出丙酸钠可以抑制肝脏 HMG-CoA 还原酶的活性，有效地减少肝脏胆固醇的合成。

日粮中添加丙酸钙，可以通过促进反刍动物的能量代谢来提高采食量。而当丙酸钙添加量过高时，将影响饲料的适口性，从而降低采食量。日粮中添加丙酸钙，可以提高产奶量。丙酸是反刍动物最主要的生糖物质，反刍动物葡萄糖营养除少量过瘤胃可溶性多糖在小肠分解为葡萄糖外，其余体内所需 90% 的葡萄糖来自糖异生作用。王中华等试验证明，粗饲料代谢能利用效率低于精饲料是由于体内葡萄糖供给不足。须藤（Sutoh）以 N 表示法证明，丙酸盐可通过抑制绵羊瘤胃内氨的生成而使体内氨的积蓄增加。

3．山梨酸类的来源、功能和生产工艺

（1）来源。山梨酸又名 2，4-己二酸，为化学合成品，白色结晶粉末或无色针状结晶，与丙酸一样是目前常用的防霉剂。山梨酸盐为无色或白色鳞片结晶或白色结晶粉末，作为饲料防霉剂使用的山梨酸盐主要有山梨酸钾和山梨酸钠。

（2）功能。山梨酸有抑制霉菌生长的效果。用山梨酸作饲料防霉剂，可以在 pH 值为 5 ～ 6 范围内使用。它可以抑制有害微生物的生长，也可与微生物系统中的巯基结合，通过破坏酶系统达到抑制微生物代谢和细胞生长的目的。山梨酸钾为一种不饱和脂肪酸盐，在机体内可正常参加新陈代谢，被同化为二氧化碳和水，防霉效果好，产品毒性低，是高效、安全的食品级防腐剂。山梨酸钾能与微生物酶系统中的巯基结合，从而破坏许多重要酶系的作用，达到抑制微生物增殖及防腐的目的。它主要对霉菌、酵母和好气性细菌均有抑制作用，但对兼性芽孢杆菌与嗜酸乳杆菌几乎无效。山梨酸盐的一般添加量为0.05%～0.15%。我国规定，山梨酸盐在饲料中的最大使用量为1.0 g/kg。山梨酸钠易氧化着色，很少使用。

（3）生产工艺。采用巴豆醛循环塔式酯化反应生成聚酯；用混酸法对聚酯水解，得粗山梨酸；对粗山梨酸进行精制。工艺流程如图6-12所示。

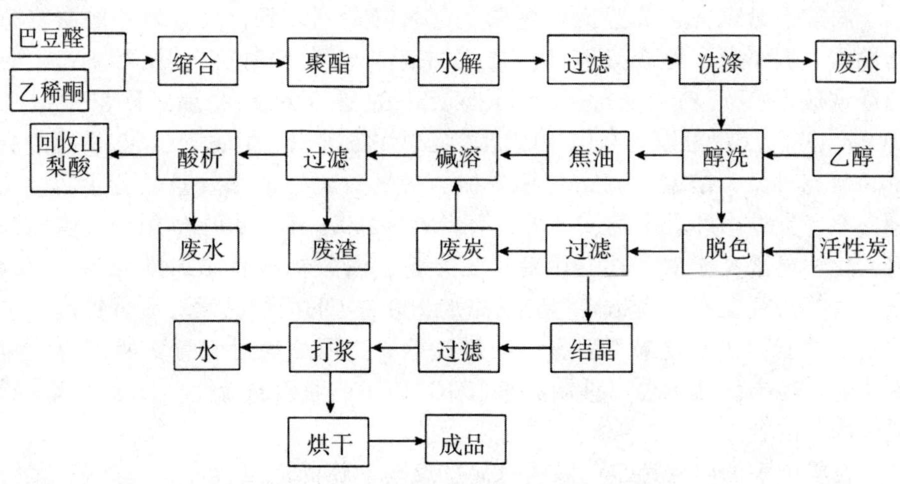

图6-12　山梨酸生产工艺流程图

（4）山梨酸类在生产中的应用。山梨酸盐由于价格昂贵，现主要用于食品级的防腐剂，饲料上现用于宠物饲料的防霉。刘达玉研究了山梨酸钾和冷藏相结合的方法对甜橙汁保藏的影响，结果发现，添加山梨酸钾的样品可溶性固形物基本不变，还原糖下降约30%，风味色泽基本不变。所有样品维生素C含量、菌落总数均有较大下降，添加山梨酸钾的样品下降更大，说明山梨酸钾有较强的抑菌效果，但影响维生素C的保存。山梨酸钾添加量在0.03%左右即可。李楠等测定和比较了山梨酸与山梨酸钾对几种常见食品污染微生物的抑菌活性以及抗炎性能，结果发现，山梨酸对表皮葡萄球菌、金黄色葡萄球菌、枯草芽孢杆菌、大肠杆菌、绿脓杆菌和变形杆菌等受试细菌有良好的抑制作用，效果强于山梨酸钾；而在抗炎方面，则效果弱于山梨酸钾。

户陆女等以黄羽肉鸡母鸡为研究对象，探讨二甲酸钾、苯甲酸和山梨酸对黄羽肉鸡生长性能和胴体品质的影响，得出日粮中添加苯甲酸能够显著降低肉鸡平均日增重和采食量，并显著降低肉鸡腹脂率；日粮中添加山梨酸能够显著提高肉鸡的饲料转化率；二甲酸钾对试验鸡的生长性能无显著影响。离晓林等在黄羽肉鸡的饲粮中添加山梨酸测定其生长性能，结果表明，山梨酸对黄羽肉鸡的生长性能有一定的促进作用。

4. 苯甲酸和苯甲酸钠的来源、功能和生产工艺

苯甲酸又称安息香酸、苯酸，是有机酸的一种，其化学结构于 1832 年确定，19 世纪首先被大量用作药物的有机化合物。苯甲酸钠是苯甲酸的钠盐，又称安息酸钠，是广泛应用于食品、药物、化妆品、牙膏、香料、烟叶和饲料的防腐剂。

（1）来源。苯甲酸是由安息香胶干馏或碱水水解制得，也可由马尿酸水解制得；苯甲酸钠是由苯甲酸与碳酸氢钠中和而得。

（2）功能。苯甲酸能抑制微生物细胞呼吸酶活性，阻碍三羧酸循环，使其代谢受到障碍，从而发挥防霉作用。而且，对动物生长、繁殖无不良影响。在酸性条件下，对霉菌、酵母和细菌均有抑制作用。但对产酸菌作用较弱，可降低尿液 pH，减少氨气排放，改善畜舍环境，利于呼吸系统健康。维护种猪尿道健康，减少泌尿系统疾病；维护种猪生殖系统健康，降低母猪子宫内膜炎、乳腺炎、无乳障碍综合征；不含药物，无药物残留和耐药性风险。苯甲酸钠和苯甲酸两者都能非选择性地抑制微生物细胞呼吸酶的活性，使微生物的代谢受障碍，从而有效地抑制多种微生物的生长和繁殖，且对动物的生长和繁殖均无不良影响。

苯甲酸钠在空气中稳定性好，对酵母菌和细菌的繁殖有较强的抑制作用，故被广泛用作防腐剂。食品中过量添加，会对人体健康造成危害。在食品加工过程中，排放出来的污水中含有很多苯甲酸钠，会污染环境、水源和土地。

（3）生产工艺。饲料添加剂苯甲酸是以石油甲苯为原料，经催化氧化、精制提纯制得。工业上主要有 3 种生产工艺：邻苯二甲酸酐水解脱羧法、甲苯氯化水解法和甲苯液相氧化法。邻苯二甲酸酐脱羧法反应步骤多，选用的催化剂对环境有污染，并产生许多副产物，产物不易精制，成本高；甲苯氯化水解法需要氯气，有一定毒性；甲苯液相氧化法是目前生产苯甲酸的主要方法。

甲苯在环烷酸钴催化剂存在下，以空气氧化先制取苯甲酸；再以苯甲酸为原料，用碳酸氢钠中和，活性炭脱色；最后，经过滤、干燥、粉碎制得苯甲酸钠。

（4）使用方法。苯甲酸可以降低育肥猪的氮排泄。研究结果显示，随

着日粮中苯甲酸浓度的增加，氨的排放量直线下降，但苯甲酸浓度对气味没有影响。猪饲粮中添加苯甲酸，可减少粪便氨氮排放。有试验研究结果表明，日粮中添加苯甲酸和菊糖，可以通过不同的机制降低氨氮的排泄，原因可能是降低粪便的 pH 和微生物数量以及改变细菌的代谢活性。苯甲酸对植物病原菌的活性受 pH 影响较大，通常在酸性条件下的活性较高。

苯甲酸能提高仔猪生长性能，改善养分消化率。刁慧等研究了苯甲酸对断奶仔猪生长性能、血清生化指标、养分消化率和空肠食糜消化酶活性的影响。结果显示，添加 5000 mg/kg 苯甲酸，可以提高断奶仔猪生长性能、养分消化率和空肠食糜消化酶活性，并在一定程度上改善血清生化指标。成柏宇研究发现，蜡样芽孢杆菌变种 Toyoi 孢子和苯甲酸能提高断奶仔猪生长性能，并降低腹泻。蔡锐芳等研究发现，日粮中添加苯甲酸能提高断奶仔猪的日增重和平均采食量，降低料肉比。Kluge 等用0 mg/kg、5000 mg/kg 和 10000 mg/kg 苯甲酸对断奶仔猪进行试验。结果发现，10000 mg/kg 苯甲酸能不同程度地提高断奶仔猪平均日采食量、平均日增重、饲料转化率，5000 mg/kg 苯甲酸能提高仔猪养分消化率和调节肠道菌群。高剂量添加苯甲酸会降低断奶仔猪肠道有益菌的含量，如乳酸杆菌。魏秀俭等试验表明，含适宜浓度苯甲酸钠的保鲜剂明显延长切花寿命，维持切花鲜重，增强水分平衡。胡春红等研究发现，苯甲酸钠和山梨酸钾复合配比为 3∶2 时，对大肠杆菌效果较好；复合配比为 2∶3 时，对金黄色葡萄球菌的抑菌效果较好。

5. 乙酸及双乙酸钠的来源、功能和生产工艺

(1) 来源。乙酸的制备可以通过人工合成和细菌发酵的方法；双乙酸钠是乙酸和乙酸钠的复合物。

(2) 功能。乙酸可以降低产品的 pH，乙酸分子与类脂化合物的溶性较好，当乙酸透过细胞壁，可使细胞内蛋白质变性，从而起抗菌作用。当即要求保持乙酸的杀菌性能，又要求因它的加入而不至于使产品酸性增强太多时，则不直接使用乙酸而使用双乙酸钠。双乙酸钠在动物体内代谢的终产物是二氧化碳和水，对人和动物无毒副作用，对环境无任何污染。

乙酸是经典的消毒防腐剂，能抑制霉菌、细菌的生长和繁殖，能防止储藏的食品和饲料发霉、腐败，从而具有防腐、保鲜效果。双乙酸钠适用于所有植物混合饲料及其原料的防霉保鲜，并能增加其营养价值、提高饲养质量。研究表明，在饲料中添加双乙酸钠，不但可以抑制霉菌生长，而且可增加饲料的营养价值、安全无毒，在机体内无残留，对环境和生态无不良影响。

双乙酸钠在自然状态下或动物肠道中可释放出乙酸。乙酸可参与动物

的能量代谢，促进动物机体的物质代谢。双乙酸钠也是一种食品级饲料使用的营养型防霉保鲜添加剂，适用于粮食种子的安全储藏及饲料的防霉保鲜。可以降低水分活度，并使菌体蛋白质变性。通过改变细胞形态和结构，达到使菌体脱水死亡的目的，从而起到防霉作用。为高效、广谱抗菌防霉剂，尤其对黄曲霉具有较强的抑制作用，可以高效抑制 10 多种霉菌毒素和多种细菌的滋生和蔓延。既可用于食物的防腐保鲜，也可用于饲料的防霉剂，提高营养价值、增强适口性。

（3）生产工艺。乙酸的合成方法包括有氧发酵、无氧发酵、甲醇羰基化法、乙醇氧化法、乙醛氧化法、乙烯氧化法和丁烷氧化法等；双乙酸钠的合成方法有醋酸与醋酸钠气相反应生产工艺；醋酸和醋酸钠在乙醇溶剂中的液相反应生产工艺；醋酐和醋酸钠反应生产工艺；醋酸-醋酸酐与碳酸钠反应生产工艺等。我国目前双乙酸钠生产工艺有以醋酸和烧碱为原料的液相合成工艺；醋酸和醋酸钠相结合的生产工艺以及直接利用带结晶水的乙酸钠为原料，免除乙醇溶液为溶剂合成双乙酸钠的乙酸/乙酸钠/乙酐法新工艺，使合成双乙酸钠的效率提高到 90% 以上。

（4）乙酸及双乙酸钠在生产中的应用。乙酸是合成乳脂肪的前体，牛奶中 50% 的脂肪酸是由乙酸合成的。双乙酸钠进入牛消化道以后分解为乙酸根和钠离子，从而增加了体内乙酸的含量，有利于牛奶中短链脂肪酸的合成，因而可提高乳脂率。同时，双乙酸钠添加剂可改善瘤胃内环境，有利于瘤胃内有益微生物的生长繁殖，促进各种营养物质的消化和吸收，从而可提高奶产量。石传林等试验表明，添加双乙酸钠可抑制霉菌生长，防止青贮饲料变质腐败，增加适口性，提高奶牛产奶量和乳脂率，可在青贮饲料中推广应用。田希文等研究结果表明，在奶牛日粮中添加 0. 3% 的双乙酸钠，每头每天可提高产奶量 2. 32 kg。

黄通旺通过在饲料中加入不同浓度梯度的双乙酸钠防霉剂，在一定的间隔时间对饲料中的霉菌进行计数，由霉菌数的变化而得出防霉剂的抑菌效力。结果表明，双乙酸钠防霉剂对饲料具有较好的防霉作用。付复华等研究了新型防霉剂双乙酸钠对黑曲霉、黑根霉、黄曲霉、球毛壳、扩展青霉等常见菌的抑制作用，并用目前应用广泛的防腐剂山梨酸钾作对照试验，证明了双乙酸钠是一种优良的防腐剂。葛明兰等研究了双乙酸钠对球毛壳和黄曲霉两种霉菌的抑制作用，并用苯甲酸作对照实验。结果表明，双乙酸钠是一种优良的防霉剂，防霉效果优于苯甲酸。以醋酸和纯碱为原料，不加溶剂合成双乙酸钠。用于双乙酸钠、苯甲酸作防霉剂加入培养基，在无菌条件下接种黄曲霉素和球毛壳试验霉菌，比较双乙酸钠和苯甲酸对霉菌的抑制作用。结果显示，双乙酸钠的防霉效果优于苯甲酸。

双乙酸钠添加剂对病原微生物的增殖有抑制作用，同时能促进有益微生物的生长繁殖，因而增强畜禽的抗病能力，尤以防治畜禽由病原微生物所致的腹泻效果明显。杨晓红的试验结果表明，双乙酸钠对鸡腹泻，尤其是由细菌和真菌毒素等导致的鸡下痢、腹泻有明显的预防和治疗作用，且能促进育成鸡的生长，提高产蛋鸡的产蛋量。赵智华以樱桃谷肉鸭为研究对象，分别添加0.2%和0.4%的双乙酸钠。结果表明，日粮中添加双乙酸钠对肉鸭日增重、瘦肉率有显著影响，对肉鸭的饲料转化率有极显著影响，对肉鸭的成活率和屠宰率、皮脂率无显著影响。据黄玉德报道，在断奶仔猪日粮中分别添加0.1%、0.2%、0.3%的双乙酸钠。结果发现，添加0.1%组仔猪日增重比对照组平均提高9.21%，0.2%组提高12.20%，0.3%组与对照组无显著性差异，料重比以添加0.2%组最佳。此外，添加双乙酸钠还可显著减少仔猪的腹泻。试验者认为，在断奶仔猪日粮中添加双乙酸钠的量以0.2%为佳。

双乙酸钠添加剂用于水产养殖，可提高饲料利用率，降低饲料系数，提高适口性，增加采食量；还能有效防治鱼常见的细菌性疾病，并且由于含双乙酸钠的饲料散布在水中不会腐败，故能净化水质。据报道，在鲤饲料中按0.1%、0.2%和0.3%添加双乙酸钠，每天投喂4次，经过50 d观察，鲤增重比对照组提高6.15%～15.11%，饲料系数降低0.21%～0.27%，且大群鱼无病死现象发生。

（三）使用防霉剂应注意的事项

1. 防霉剂的正确选择

在饲料中使用防霉剂，必须保证在有效剂量的前提下，不能导致动物急、慢性中毒和药物超限量残留。应无致癌、致畸和致突变等不良作用。防霉剂也不能影响饲料原有的口味和适口性。如一般乙酸、丙酸等有机酸类挥发性较大，容易影响饲料的口味。因此，选用其盐类或酯类效果可能较好些。较理想的防霉剂还应有抗菌范围广、防霉能力强、易与饲料均匀混合、经济实用等特点。一般情况下，丙酸盐和一些复合型防霉剂是首先考虑的品种。

2. 根据水分含量等实际情况灵活使用防霉剂

影响防霉剂作用效果的因素有很多，如防霉剂的溶解度、饲料的酸碱度、水分含量、温度、饲料中糖和盐类的含量、饲料污染程度等，但主要是根据季节和水分含量来决定是否使用和具体用量。因此，在秋冬季等干燥和凉爽季节，饲料水分在11%以下，一般不必使用防霉剂；而水分在12%以上就应使用防霉剂，且饲料中水分较高以及高温高湿季节还应提高防霉剂的用量，这样才能保证有较好的防霉效果。

3. 防霉剂与抗氧化剂联合使用

饲料的发霉过程也伴随着饲料中营养成分的氧化。一般防霉剂都应与抗氧化剂一起使用，组成一个完整的防霉抗氧化体系，从而才能有效地保证延长储存期。

第五节　诱食剂

一、概述

诱食剂，又称饲料调味剂、饲料风味剂，指用于改善饲料风味和适口性、增强动物食欲的饲料添加剂。它包括调控动物采食的所有物质，如甜味剂、酸味剂、鲜味剂和香味剂等。饲用诱食剂是由刺激味觉成分和辅助制剂组成的，因饲用动物的生活环境、生理特点、感受器官及味道的传播介质不同而有所区别。辅助制剂虽不是诱食剂的有效成分，但它的品种选择和比重、粒度等理化性质不仅会影响吸附平衡和稳定性，还会影响在掺入饲料时的均匀程度。

诱食剂的发展依赖并伴随着饲料工业的发展。虽然诱食剂是饲料工业的一个分支，但对解决饲料和养殖过程中原料适口性和动物采食量这些难题起到了有益的补充作用，促使动物最大限度地发挥其生产潜能。诱食剂在饲料产品中的使用有利于稳定产品质量，保证动物采食量。特别在幼龄断奶动物阶段使用，有利于缓解断奶应激，提高采食量。

二、甜味剂

（一）糖精钠

1. 来源

以苯二甲酸酐或甲苯为原料化学合成。

2. 功能

糖精钠的功能主要是提高饲料的甜度，提高动物采食量。糖精钠可以增加饲料甜度，改善适口性，促进采食。味甜为蔗糖的200～500倍。其使用效果受动物、日粮及理化等因素的影响，同时也与生产工艺、添加量和在饲料中的均匀分布有关。研究报道称，在断奶仔猪日粮中添加糖精钠（50 g/t），可显著提高断奶仔猪平均日采食量和平均日增重。也有研究表明，在断奶仔猪饲料中添加猪母乳香型香味剂，可显著提高断奶仔猪每24 h的采食次数和采食持续时间。Sterk A评估了两种高强度糖精钠为基质的甜味剂，对断奶仔猪采食特性和生长性能的作用。研究结果表明，日粮添加高强度甜味剂在一定范围内会影响断奶仔猪的采食特性，从而提高生长性能。相反，也有研究发现，甜味剂组的采食量反而比对照组有所下降，也许与糖精钠的风味较差，甜味过后有金属味、苦味有关。猪的味觉传导神经对蔗糖、果糖、葡萄糖的刺激表现出较高的脉冲频率，而对糖精钠、甜蜜素、阿力甜、阿斯巴甜等只有微弱的脉冲。体外试验表明，鼓索神经对甜、酸味敏感，舌咽神经对苦味敏感，两种神经均对谷氨酸钠和蔗糖、果糖、葡萄糖等甜味物质敏感，而对索马甜、NHDC没有反应，对糖精钠则反应较弱。

3. 生产工艺

糖精钠生产工艺有多种，按生产采用的主要原料不同可划分为甲苯法、苯酐法、邻甲基苯胺法和苯酐二硫化物法。

（1）甲苯法。甲苯法是糖精发明者Fakllerg最早采用的方法，后人进行了多次改进，成为生产糖精钠较简便的方法，也是我国较早生产糖精钠的方法。其主要生产原料有无水甲苯、氯磺酸、氨水、活性炭、液体氢氧化钠、盐酸、高锰酸钾、亚硫酸钠和碳酸氢钠等，共包括氯磺化、胺化、氧化、酸析、中和等化学反应。

（2）苯酐法。苯酐法生产糖精钠为我国独创，使用的主要原料有苯酐、甲醇、氨水、液体氢氧化钠、液氯、盐酸、硫酸、亚硝酸钠、硫酸铜、液体二氧化硫、甲苯、碳酸氢钠和活性炭等，包括酰胺化、霍夫曼降级、酯化、重氮、置换、氯化、胺化、酸析、中和等化学反应。

（3）邻甲基苯胺法。邻甲基苯胺法所用原料为邻甲基苯胺、亚硝酸钠、硫酸、铜粉、二氧化硫、液氯、氨水、活性炭、液体氢氧化钠、盐酸、高锰酸钾、亚硫酸钠和碳酸氢钠等，主要化学反应有重氮、置换、氯化、胺化、氧化、酸析与中和等。

（4）苯酐二硫化物法。该生产方法所用主要原料为苯酐、氨水、液体氢氧化钠、液氯、硫酸、盐酸、铜粉、亚硝酸钠、二硫化钠、甲醇和碳酸氢钠等，进行的主要化学反应有酰胺化、霍夫曼降级、重氮、置换、酯化、氯化、氨化、酸析和中和等。

苯酐先与氨水和氢氧化钠进行酰胺化反应；之后，在碱性条件下，与次氯酸钠进行霍夫曼降级反应制得邻氨基苯甲酸；邻氨基苯甲酸与亚硝酸钠在酸性条件下进行重氮反应；接着，与二硫化钠进行置换反应得到邻二硫二苯甲酸；邻二硫二苯甲酸与甲醇酯化反应后再被液氯氯化，其后与苯酐法相同，进行胺化、酸析和中和反应，生成糖精钠。

（二）阿斯巴甜

1. 来源

L-天冬氨酰-L-苯丙氨酸甲酯，是一种非碳水化合物类的人造甜味剂。阿斯巴甜由L-苯丙氨酸（或L-甲基苯丙氨酸酯）与L-天冬氨酸以化学或酶催化反应制得。前者产生有甜味的α-阿司帕坦和无甜味的β-阿司帕坦，要将α-阿司帕坦和β-阿司帕坦分离，并经纯化。酶促过程只产生α-阿司帕坦。

2. 功能

增加饲料甜度，改善适口性，促进采食。甜度为蔗糖的100～200倍。2014年，Suez等通过小鼠试验证实，人工甜味剂如阿斯巴甜可以改变肠道菌群的组成和功能，促进葡萄糖耐受不良和代谢性疾病形成。

3. 生产工艺

阿斯巴甜的基本生产方法有3种：化学合成法、酶合成法和基因工程法。

（1）化学合成法。该方法是较早利用合成阿斯巴甜的方法。由于阿斯巴甜是由L-天冬氨酸（L-Asp）和L-苯丙氨酸（L-Phe）形成的二肽甲酯化得到的，这两种氨基酸如果不带保护基，自身会发生酰化和相互酰化，可产生6种二肽，副产物多。用化学方法合成时，必须将氨基酸的某些官能团保护起来，减少副反应的发生，形成肽键后再将保护基脱去。

（2）酶法合成。酶合成法是使用合适的蛋白酶，将L-Asp（氨基已保护或未保护）与L-Phe・OMe缩合在一起。除此之外的反应操作与化学合成法一样。1979年，Yoshinori等用嗜热菌蛋白酶成功地将L–苯丙氨酸甲酯和N-被护L-天门冬氨酸合成α-APM前体。

（3）基因工程法合成。通过基因工程技术，前体化合物天冬氨酰可以合成具有（L-天冬氨酸-L-苯丙氨酰）密码的多聚体双链DNA，在HindⅢ限制性内切酶的切口处连接到pWT 121质粒上或用EcoRⅠ内切酶连接到pBGp 120质粒上，再转化大肠杆菌中。

生物合成法具有以下优点：酶促合成肽键时，转化率比化学合成法高；生物催化合成肽键时，只生成希望得到的α-型产物，生物合成过程中可以使用不带保护基的L-天冬氨酸作为底物。

三、鲜味剂

鲜味剂主要是谷氨酸钠，即味精。鲜味剂多用作仔猪饲料的风味促进剂，添加量通常为0.1%～0.2%。与食盐同用效果更佳，可得特异的鲜味。与肌苷酸钠或鸟苷酸钠混合后，鲜味可增加数倍到数十倍。

1. 来源

生物发酵制取。以淀粉、大米、糖蜜等碳水化合物为原料，经谷氨酸棒状杆菌等微生物发酵得到谷氨酸，再经碳酸钠或氢氧化钠中和、精制而成。

2. 功用

日粮中添加谷氨酸钠，对黄羽肉鸡的生长性能无显著影响。添加谷氨酸，可提高胸肌谷氨酸、谷氨酰胺、天冬氨酸、丙氨酸、蛋氨酸、精氨酸、脯氨酸等风味氨基酸在肌肉中的沉积量，提高腺苷单磷酸脱氨酶（AMPD 1）基因的表达，有提高肌配酸含量的趋势，提高气味、香味、多汁性和易嚼度。研究表明，谷氨酸钠是通过提高肌肉中风味氨基酸含量，提高风味物质形成的相关基因的表达而提高肌肉风味。

四、香味剂

饲料香味剂是根据不同动物在不同生长阶段的生理特性、采食习性，为改善饲料的诱食性和适口性而添加到饲料中的香味添加剂。主要由具有相当挥发性的天然物质和人工合成的香味原料配制而成。在饲料中添加香味剂的目的是改善饲料的适口性，使饲料产生动物喜欢的气味；同时，掩盖由于添加药物添加剂等产生的不良气味，刺激消化道腺体的分泌功能，增加食欲以促进生长。常用的香味剂是香兰素，别称香草醛。

1. 来源

可在香荚兰的种子中找到，也可以人工合成，有浓烈奶香气息。香兰素是香草豆的香味成分，存在于甜菜、香草豆、安息香胶、秘鲁香脂、妥卢香脂等中。它是一种重要的香料，通常分为甲基香兰素和乙基香兰素两种。

2. 生产工艺

（1）常见的生产工艺。

由香荚兰豆提取、三氯乙醛法、乙醛酸法、对羟基苯甲醛法（以木质素为原料、以愈创木酚为原料）等。

（2）生物合成。发酵工程：德国哈尔曼赖斯公司1996年利用土壤丝菌DSM9992菌株以阿魏酸为底物转化生产香兰素，产量达到每升发酵液11.5 g;法国罗地亚公司和上海爱普香料公司在此方面做了大量研究，产量达到每升发酵液15 g。相信未来，天然香兰素的微生物发酵工业化生产将变为现实。

细胞工程：应用细胞培养技术生产天然香兰素最大的优势就在于，可以很好地突破香荚兰植物资源有限的瓶颈，通过细胞培养技术直接从培养细胞的次生代谢产物中提取香兰素。这样就可以不受自然条件的限制，在人工控制的条件下通过香荚兰细胞的培养大批量生产香兰素。曹孟德等报道了香荚兰细胞的生长周期和生长规律，优化了培养香荚兰细胞的培养基。这些基础性工作都为下一步细胞培养生产香兰素奠定了良好的产业化基础。

3. 使用方法与效果

陈静等报道，选用 12 头断奶仔猪，随机分为两组进行为期 32 d 的对比饲喂试验，研究香草醛对断奶仔猪的饲喂效果。对照组采用基础日粮，实验组在基础日粮中添加 0.08% 的香草醛。结果表明，实验组日增重、采食量、饲料转化率分别比对照组增加或提高了 24.5%、12%、11%。

五、添加诱食剂应注意的问题

在动物产品生产中，添加诱食剂要注意其经济实用性。必须注意，诱食剂只是在基础日粮的基础上补充添加的改善日粮品质的添加剂，不可本末倒置。如果没有好的饲料原料品质或者日粮营养不平衡，添加诱食剂是不可能取得良好的饲养效果的。不能用饲料香味剂掩盖发霉变质的饲料。在饲料中添加诱食剂时要严格控制用量，从而达到提高动物采食量的根本目的。

六、诱食剂生产与应用前景展望

饲料安全和资源的高效利用是饲养业发展不变的两大主题。由于诱食剂在提高动物采食作用上的巨大贡献，其在动物养殖中的应用也越来越广泛。对其在生产和应用上的要求也越来越严格，必须做到安全而且高效，天然的诱食剂成为主流。大量试验研究发现，应用发酵工程、细胞工程、基因工程、酶工程以及蛋白质工程等生物技术制备特定的天然香料和诱食剂，将成为生产绿色、安全、环保饲料添加剂的有效方法之一。

第七章　饲料添加剂的发展方向及应用新技术

如今，饲料添加剂的发展逐步向生物饲料靠拢，而且引起了人们的广泛关注。另外，新型技术的应用也加快了节能减排、绿色环保的进程。

第一节　饲料添加剂的发展方向

一、科技化

时代在进步，科技在发展，尤其是生物、营养、制药等工程方面的进一步完善，饲料添加剂也向着科技化方向发展并步入高技术领域行业。随着科技化进程的推进，具有高科技含量的饲料添加剂品种也应运而生，从而带动了整个饲料行业的科学发展，也促进了相关畜牧业向更高的水平看齐。

二、专业化

如今的饲料添加剂行业还属于饲料工业以及制药业等相关行业的范畴，还需要依附于这些行业进行生产，所以专业化一直得不到相应发展。目前，饲料行业获得了较大进步，所以对饲料的质量也提出了新的要求，添加剂更是作为重点进行改良，由此促进了饲料添加剂行业从饲料工业及其他相关行业中脱离形成独立的行业以及专业化程度的提高。饲料添加剂行业的专业化，对促进饲料工业的发展及其技术含量的提高有很大的促进作用。

三、系列化

经过前面专业化和科技化的洗礼，饲料添加剂在种类上也得到细分，使其具有了系列化的特点。系列化主要是从实际出发，根据动物的种类、所处地区和环境、生长阶段的差异进行划分，从而可以使提高饲料添加剂的功用发挥到极致并提高经济效益。市场经济条件下，饲料添加剂行业的发展需要以提高饲料质量作为配合，这将有力地促进饲料添加剂系列化和细分的形成。

四、高效化

高效化是未来饲料添加剂的又一重要发展方向，尤其是在促生长类饲料添加剂方面表现更明显。饲料添加剂的高效化是建立在饲料添加剂相关技术的进步和提高基础之上的，相关生产单位也会将重点放在对饲料添加剂的精心研究之上。在市场经济条件下，提高饲料添加剂向高效化方向发展也是一项重要任务。

五、功能化

人们的生活水平在不断提高，于是人们对日常食用的动物性产品在颜色、质量和口感方面提出了更高的要求，同时这也是对饲料添加剂提出的新的挑战。因此，饲料添加剂向功能化发展也是未来发展的一大方向。而且饲料添加剂具有保健功能和一种添加剂具有多种功能将成为饲料添加剂品种关注的重点，市场发展空间广阔。

六、环保化

如今，人们的环保意识越来越强烈，可持续发展战略深入人心，饲料添加剂的环保化更是大势所趋。尤其是原来一些副作用较大的产品被淘汰后，生物饲料的开发和研究成为关注的热点，其环保性不容忽视。未来开发的饲料添加剂将更符合节能减排的要求，对环保来说意义重大。

七、经济化

饲料产品和饲料添加剂都属于商品，所以具有一定的经济性是前提条件。随着市场经济和市场竞争机制的进一步确立，饲料添加剂的经济性则应更明显地展示出来。因此，饲料添加剂所具有的高性价比也会让其在具体应用中更具优势。

八、方便化

未来的饲料添加剂将会向方便、简洁靠拢，因此微量化和预混化也是以后饲料添加剂发展的一个方向。当今，饲料业发展的重点趋势之一就是发展生物饲料，并成为全世界研究开发的热点。生物饲料是生产绿色、有机等高端畜产品的主要手段。这对开发我国饲料资源、保障饲料安全和畜产品安全，促进污染减排、解决环保问题等诸多方面都显示了广阔前景，具有重大战略意义。

第二节　饲料添加剂应用新技术

饲料添加剂的应用是配合饲料技术含量的体现。随着饲料添加剂向专业化、科技化、系列化、高效化和功能化的方向发展，饲料添加剂的应用也应配套相应的新技术，才能较好地保证饲料添加剂相应的作用效果。

一、基于动物营养学的基本理论

动物营养学理论是配合饲料和饲料添加剂应用的基本理论。因此，不管选择什么样的饲料添加剂，动物营养理论都是需要重点考虑的营养理论。还有就是，饲料添加剂只有符合动物营养学理论的要求才可以保证应有的作用。

掌握和紧跟动物营养学的最新研究进展，根据动物营养学的相关理论和最新数据指导选用和应用饲料添加剂，才可以使饲料添加剂更具科学性，使饲料添加剂的作用效果和生产性能得以实现。

二、与最新技术相结合

饲料添加剂行业集多种学科于一身，而饲料添加剂的制作技术也是多种多样。因此，从事饲料添加剂的生产也要时刻关注相关技术的最新动态，掌握前沿技术，从而在实际应用中使饲料添加剂的应用水平得到相应提升。

（一）在益生元应用技术方面

多糖、寡糖等益生元可以说是一种非常好的和理想的抗生素替代品，只是对其进行广泛使用还需要进行提取分离纯化技术、多糖结构与功能的关系及多糖的剂量与效应关系等的深入研究。

（二）在天然植物提取物应用技术研发方面

天然植物提取物饲料添加剂逐步成为饲料中抗生素的首选替代品，其提取工艺、应用技术的研究应该成为未来研究重点。

三、利用计算机技术

随着计算机技术和网络技术的不断发展，多种行业都在利用相关技术进行信息的获得和管理，从而可以有效地对相关数据进行管理和保存，提高饲料添加剂的管理和应用水平，也可利用互联网技术获取饲料添加剂相关技术的前沿动态。目前，互联网已有很多饲料科研机构、饲料添加剂生产厂家等网站，这些网站上有大量关于饲料添加剂应用的文章和信息，经常浏览这些网站，获取最新的信息，对于提高饲料添加剂的应用水平有一定的促进作用。

参考文献

[1] 陈代文. 饲料添加剂学 [M]. 北京：中国农业出版社，2003.

[2] 蔡辉益. 常用饲料添加剂无公害使用技术 [M]. 北京：中国农业出版社，2003.

[3] 董玉珍. 非粮型饲料高效生产技术 [M]. 北京：中国农业出版社，2004.

[4] 方希修. 饲料添加剂与分析检测技术 [M]. 北京：中国农业大学出版社，2006.

[5] 郭勇，郑穗平. 酶学 [M]. 广州：华南理工大学出版社，2000.

[6] 胡元亮. 中药饲料添加剂的开发与应用 [M]. 北京：化学工业出版社，2005.

[7] 黄文涛，胡学智. 酶应用手册 [M]. 2版. 上海：上海科学技术出版社，1989.

[8] 凌明亮. 饲料添加剂开发与应用技术 [M]. 北京：科学技术文献出版社，2006.

[9] 罗九甫. 酶和酶工程 [M]. 上海：上海交通大学出版社，1996.

[10] 刘建. 兽医与饲料添加剂手册 [M]. 上海：上海科学技术文献出版社，2001.

[11] 梁云霞. 动物药理与毒理 [M]. 北京：中国农业出版社，2006.

[12] 刘迎贵. 兽药分析检测技术 [M]. 北京：化学工业出版社，2007.

[13] 佟建明. 饲料添加剂手册 [M]. 北京：中国农业大学出版社，2003.

[14] 张乔. 饲料添加剂大全 [M]. 北京：北京工业大学出版社，1994.

[15] 张艳云，陆克文. 饲料添加剂 [M]. 北京：中国农业出版社，1998.

[16] 张日俊. 现代饲料生物技术与应用 [M]. 北京：化学工业出版社，2009.

[17] 张丽英. 高级饲料分析技术 [M]. 北京：中国农业大学出版社，2011.

[18] 张树政. 酶制剂工业 [M]. 北京：科学出版社，1984.

[19] 周鼎年. 生物技术在饲料工业中的应用 [M]. 北京：中国农业出版社，1995.

[20] 徐春厚. 微生物饲料与添加剂 [M]. 哈尔滨：黑龙江人民出版

社，2000.
[21] 徐风彩. 酶工程 [M]. 北京：中国农业出版社，2001.
[22] 阎继业. 畜禽药物手册 [M]. 北京：金盾出版社，1993.
[23] 袁勤生. 应用酶学 [M]. 上海：华东理工大学出版社，1994.
[24] 艾方林，蒋诚绩. 羟甲基脲短期肥育肉牛的效果 [J]. 中国畜牧杂志，2000，3：34-35.
[25] 蔡锐芳. 苯甲酸对断奶仔猪生长性能的影响 [J]. 当代畜牧，2011，(5)：34-35.
[26] 藏艳运. 添加丙酸和尿素对玉米青贮品质的影响 [J]. 草业科学，2012，1（29）：156-159.
[27] 曹冬梅. 2010. 水合硅铝酸钠钙（脱霉素）对肉仔鸡 Zn、Mn、维生素 A、维生素 B_2利用的影响 [J]. 饲料广角，22：19-22.
[28] 曹平. 维生素 A、D 对肉鸡钙磷代谢相关激素水平的影响 [J]. 饲料工业，2012，05：14-19.
[29] 曹荣. 日粮添加维生素 D_3对围产奶牛外周血免疫球蛋白及 T 细胞亚群的影响 [J]. 动物营养学报，2007，19（6）：748-752.
[30] 曹志华. 温度和 pH 对面粉和膨润土粘合性能的影响 [J]. 长江大学学报（自科版），2006，08：191−193+104.
[31] 柴绍芳. 饲料舔砖在奶牛生产中的应用效果 [J]. 当代畜牧，2003，6：6.
[32] 陈安国. 沸石粉在生长猪饲粮中应用效果的研究 [J]. 浙江畜牧兽医，1999，24（2）：4−6.
[33] 陈海霞，董德军. 秸秆快速氨化技术——碳铵高温氨化法 [J]. 养殖技术顾问，2002，01：24.

作者简介

张杰，微生物学博士，齐鲁工业大学副教授，硕士生导师；日本产业技术综合研究所客座研究员；济南市畜禽饲料添加剂工程实验室主任。

先后参与承担国家科技支撑计划课题 2 项、国家 863 计划课题 2 项、国家自然科学基金 1 项、山东省自然科学基金及重点研发计划课题 4 项；发表相关研究论文 20 余篇；授权发明专利 12 项；获山东省科学技术进步奖 2 项、山东省教育厅优秀成果奖 1 项；制定《饲料原料腐植酸钠》国家标准 1 项。